INGENIERÍA PARA SUBESTACIONES DE ALTA TENSIÓN

GUÍA PASO A PASO

Mariela Velazco Sánchez

26/08/2022

Contacto: mvelascos13@gmail.com

Mariela Velazco Sanchez-mvelascos13@gmail.com

**ISBN:
9798846309470**

Todos los derechos reservados

Primera Edición

DEDICATORIA:

Dedico este libro a las futuras generaciones de Ingenieros electricistas que decidan seguir la ruta genial de transmisión en alta tensión.

Deseo de corazón que esta guía les ayude a experimentar la satisfacción de ser creativos y eficientes en sus diseños.

Mariela Velazco Sanchez-mvelascos13@gmail.com

Contenido

CAPITULO 1: SELECCIÓN DEL ESQUEMA DE BARRAS Y DIAGRAMA UNIFILAR 5

CAPITULO 2 PREDISEÑO DE DISPOSICIÓN DE EQUIPOS PARA SELECCIÓN DEL TERRENO 23

CAPITULO 3: PLANIFICACIÓN Y LISTA DE PLANOS 30

CAPITULO 4: SELECCIÓN DE EQUIPOS 38

CAPITULO 5: CRITERIOS DE DISEÑO DE OBRAS CIVILES 48

CAPITULO 6 SERVICIOS ESENCIALES EN LA SUBESTACIÓN 64

CAPITULO 7 MANUAL DE OPERACIÓN Y MANTENIMIENTO 78

INTRODUCCIÓN:

El presente libro se ha elaborado como una guía paso a paso para desarrollar las actividades requeridas para el diseño de una subestación eléctrica de Alta Tensión de forma sencilla, es un libro inteligente para que el lector tenga acceso a detalles visuales específicos de la ingeniería e instalaciones a través de fotos por medio de códigos QR; se incluyen normas internacionales a ser consideradas durante el proceso, así como detalles que no encontrará en libros y manuales del área y son producto de la experiencia en el área.

Está dirigido a especialistas en subestaciones, por lo que se incluyen definiciones mínimas para utilizar el mismo léxico, sin embargo se considera que el lector se encuentra familiarizado con el área de alta tensión y su terminología.

La Ingeniería de una subestación es un servicio de apoyo al proceso de gerencia, planificación, procura, construcción y puesta en servicio de una subestación eléctrica, comienza con la selección del unifilar de la instalación y el diseño de la disposición general de equipos (definidos por el esquema de barras seleccionada, llegadas de líneas de transmisión y de distribución), para luego definir la locación que es esencial para desarrollar la ingeniería de detalles en forma precisa y eficiente.

Considerando que este tipo de instalaciones son propiedad de Empresas Eléctricas (públicas o privadas), que tienen su propia filosofía de operación, los detalles del diseño deben tomar en cuenta sus lineamientos y de los estudios del Sistema de Transmisión y Planificación del Sistema en el que se encuentran insertadas las subestaciones, por ello el conocimiento integral de diseño permitirá asesorar a la Empresa Eléctrica propietaria de la instalación sobre la mejor opción del esquema a utilizar, desde el punto de vista operacional, confiabilidad y seguridad, para obtener el balance técnico- económico necesario.

A la presente fecha los avances tecnológicos en el área son importantes, la incorporación de Sistemas de Control Numérico automatizados, equipos de patio capaces de recibir información a través de fibra óptica, equipos de comunicaciones rápidos y eficaces, equipos de protección multifuncionales, por mencionar algunos de ellos, han modificado la visión de diseño que encontramos en los textos y normas convencionales, requiriéndose del nuevo diseñador mayor creatividad en la estrategia que debe aplicar para concretar un diseño operacionalmente sencillo y eficaz, sin perder la confiabilidad, flexibilidad, modularidad y economía, representando estos aspectos un reto importante para los profesionales del área.

En las próximas páginas encontrarás métodos para selección del esquema de barras, selección del terreno adecuado para la subestación, como elaborar la planificación y lista de planos para la ingeniería de detalles, pautas para selección de equipos, criterios que prevalecerán en el diseño de las obras civiles, modelos a seguir para el diseño de los servicios esenciales, tales como telecomunicaciones, iluminación, protección y control y por último los pasos requeridos para elaborar el manual de operación y mantenimiento.

Sin más explicaciones, entraremos en materia:

CAPITULO 1: SELECCIÓN DEL ESQUEMA DE BARRAS Y DIAGRAMA UNIFILAR

Selección del Esquema de barras.

La selección del esquema de barras de una subestación es uno de los aspectos más importantes en el diseño de una subestación y depende de muchos aspectos tanto técnicos como económicos, entre ellos encontramos:

- Flujo de carga para determinar volumen, tipo de carga a servir en el área, necesidades de compensación, definir relaciones de los equipos de medición con la información

de valores de tensión máximos y mínimos y corrientes máximas.
- Estudio de Estabilidad del sistema donde estará insertada la subestación, si estará conectada al sistema en anillo o en forma radial, permite selección de pararrayos, por la información que proporciona sobre las sobretensiones por rechazo de carga.
- Estudio de cortocircuito para conocer la distribución y aportes de las corrientes circulantes.
- Potencia a ser soportada en sus barras, importancia dentro del Sistema Eléctrico, si será netamente de transmisión, si se le incorporarán circuitos de distribución, si es una salida de generación o si estará conectada a una instalación en corriente continua
- Confiabilidad requerida según la importancia dentro del sistema y las cargas a suplir, rural, urbana, industrial media o industrial especial como la petrolera, etc.
- Niveles de tensión a considerar en la instalación.
- Flexibilidad en el diseño de la subestación considerando la posibilidad de transformación del esquema de barras de acuerdo al aumento de carga esperada.
- Seguridad para el personal de operación.
- Disponibilidad de presupuesto.

DEFINICIONES:

Subestaciones radiales: Son Subestaciones ubicadas al final de una línea de transmisión de tensión primaria.

Subestaciones nodales: Son aquellas subestaciones de interconexión que están ubicadas en la confluencia de dos o más líneas de alimentación del sistema de tensión primaria utilizado.

Subestación convencional: Es la instalación donde los equipos se encuentran dispuestos a la intemperie y su aislamiento se realiza a través del aire, cumpliendo con las normas de distancias mínimas establecidas internacionalmente. Subestaciones aisladas al aire (AIS). Pueden ser tipo exterior o interior y diseñarse con estructuras en bajo o alto perfil, dependiendo del criterio de la Empresa operadora y del terreno disponible. Las subestaciones convencionales tipo interior son más costosas que las del tipo exterior y los transformadores de potencia deben estar a la intemperie.

Subestación encapsulada o blindada: Es la instalación diseñada para operar utilizando como aislamiento gas SF6, estando los equipos colocados en ductos a presión. Son subestaciones aisladas en gas (GIS).

Subestaciones de maniobra: Destinadas a la interconexión de dos o más circuitos, son de un mismo nivel de tensión y permiten aumentar la flexibilidad del sistema por la formación de nuevos nodos.

Subestaciones de transformación pura: Destinadas a la transformación de tensiones desde un nivel superior a otro inferior ya sea para subtransporte, reparto o distribución de la energía. (Necesaria la instalación de transformadores de potencia)

Subestaciones de transformación y maniobra: Destinadas a la transformación de un nivel superior a otro inferior, así como a la conexión entre circuitos del mismo nivel de tensión.

Subestaciones de transformación y cambio de número de fases: Destinadas a las redes con distintos números de fases

Subestaciones de rectificación: Destinadas a alimentar un sistema de corriente continua.

Subestaciones de central: Destinadas a la transformación de tensión de una inferior a una superior a ubicarse en la salida de centrales eléctricas de generación.

 QR 1

Tramo de transformación: Es aquel tramo que tiene una conexión a un transformador de potencia, tanto en el lado de tensión primaria como secundaria.

Tramo salida de línea: Es aquel tramo que tiene una conexión a una línea de alimentación y permite la entrada o salida de energía a través del mismo.

Tramo de transferencia: Es aquel tramo que enlaza la barra principal con la barra de transferencia.

Tramo unión o enlace de barras: Es aquel tramo que enlaza dos secciones de la barra principal o de la barra de transferencia

Disposición de equipos: Se refiere como mínimo a la distribución de los equipos de alta y media tensión, ubicación de las líneas de transmisión y/o media tensión, de servicios auxiliares, obras civiles como edificaciones, pistas y canales de cables, sistemas de iluminación y obras de protección circundantes que se encuentran sobre el terreno destinado para una subestación.

Interruptor: Equipo utilizado para conectar o desconectar la corriente de régimen permanente y de interrumpir el flujo de corriente eléctrica de falla del circuito.

Seccionador: Dispositivo mecánico de maniobra utilizado para aislar de manera segura un equipo del circuito o un tramo completo, o aislarlo de la red de alimentación; según su uso se pueden clasificar en seccionadores de maniobra, seccionadores de tierra o de puesta a tierra rápida.

Equipos de medición: En sistemas de electricidad superiores a 600V, las mediciones no se realizan directamente sino a través de equipos diseñados especialmente para aislar el circuito de baja tensión y sean reproducidos lo más fielmente los efectos de régimen permanente y transitorios de la alta tensión en el circuito de baja tensión.

Los equipos de medición se clasifican en transformadores de corriente, de acuerdo al uso se diseñan para llevar información a los equipos de medición o a los de protección y los transformadores de tensión, estos últimos según el tipo de tramo donde estarán instalados pueden ser del tipo capacitivo, magnético, o mixtos.

Se utilizan para llevar información de la corriente y tensión del tramo hacia los centros de medición, protección y control de la subestación.

Pararrayos: Elementos de protección contra sobre tensiones de los equipos que conforman las subestaciones.

Trampa de Onda: Impide que las señales de alta frecuencia se deriven en direcciones indeseables para no perjudicar la transmisión de energía a frecuencia nominal Se instalan cuando las líneas de Alta Tensión se utilizan como como vínculo para la transmisión de voz y control, en los sistemas de comunicaciones por onda portadora.

Tensión nominal: De acuerdo a la norma IEC-38, es la tensión con la cual se define el Sistema y con las cuales se deben referenciar ciertas características de operación.

Tensión de servicio: Es la tensión realmente existente en un punto determinado del Sistema, en un instante determinado

Corriente Nominal: Es la corriente para la cual ha sido diseñado un equipo o sistema y es la que se consume a tensión y carga nominal.

Corriente a plena Carga: Es la corriente máxima que el diseño del sistema puede tener, es mayor que la corriente nominal.

Corriente de cortocircuito: Es la corriente que se produce cuando se tiene una falla de aislamiento en un punto cualquiera de una red.

Los esquemas de conexión de barras tipo a ser estudiados son los siguientes:

1. **Subestación unitaria y/o Barra simple con salida radial (Figuras N° 1 y N° 2):**

Se utiliza en instalaciones de menor importancia o por no disponer sino de una línea de transmisión en el sitio.
Como no tiene interruptor para proteger al transformador de potencia la protección se realiza por disparo transferido remotamente desde el origen de la línea de transmisión, lo que debe estudiarse pues puede ser muy costoso. En la opción

mostrada la continuidad de servicio depende de la barra, y si se hace mantenimiento se puede perder la carga por lo tanto la recomendación es instalar dos (2) transformadores de potencia y alimentar con dos (2) líneas en forma independiente en el lado de alta tensión, pero conectado en el lado de baja de forma tal que se alimente la carga desde los dos transformadores de potencia.

Equipos en subestaciones unitarias:
a. Un seccionador por circuito

Equipos en subestaciones tipo barra simple:
b. Dos seccionadores por circuito
c. Un interruptor

Ventajas:
a. Instalación simple y de fácil operación.
b. Mínima complicación en las conexiones de los equipos y del esquema de protecciones.
c. Costo reducido.

Desventajas:
a. Poca seguridad, flexibilidad y confiabilidad
b. Falla en barra se pierden todos los circuitos al operar los interruptores
c. Dificultades para el mantenimiento pues se pierde la carga del circuito afectado.
d. Opera en un solo nodo eléctrico

Figura N° 1
S/E Unitaria

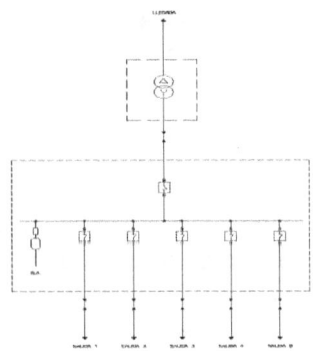

Figura No. 2

Subestación Barra Simple

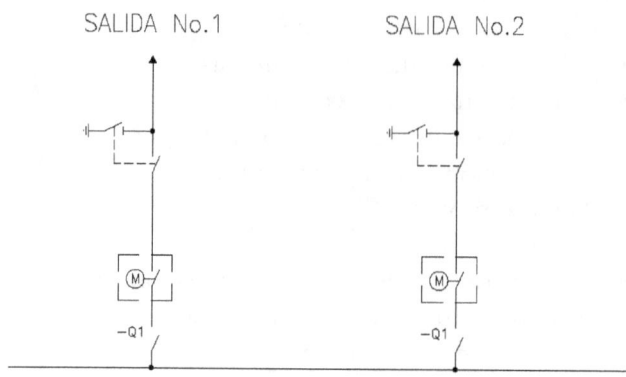

2. Barra simple seccionada (Figura N° 3):

Consiste en una barra principal dividida en dos secciones mediante un interruptor. En caso de falla en las barras, se abre el interruptor de acoplamiento y la avería queda confinada solamente al sector fallado.

Esta disposición permite mayor flexibilidad de operación y de mantenimiento.

Equipos:
a. Un interruptor por circuito más interruptor de enlace de barras
b. Dos seccionadores por circuito más un seccionador de barra

Ventajas:
a. Se asegura una mayor continuidad de servicio.
b. Se facilita el trabajo de mantenimiento.
c. Se puede operar con dos nodos eléctricos distintos (fuentes distintas de alimentación).

d. Fallas en barras o en interruptor eliminan únicamente las salidas de la sección averiada

Desventajas:

a. No se puede transferir una salida de una a otra sección.
b. En mantenimiento de interruptor el circuito afectado queda indisponible.

Figura N° 3

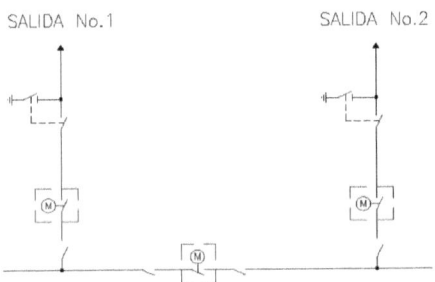

3. Barras seccionadas con seccionador en derivación (Figura N°4)

Consiste en una variación de barra principal dividida en dos secciones, donde se subsanan los inconvenientes producidos por la necesidad de poner fuera de servicio las líneas por trabajos de mantenimiento en los interruptores.

Equipos:

a. Un interruptor por circuito más interruptor de enlace de barras
b. Tres seccionadores por circuito más tres seccionadores de enlace de barras.

Ventajas:

a. Buena continuidad de servicio
b. Flexibilidad de mantenimiento
c. Opera con dos fuentes de alimentación

d. Ante falla en barra, los equipos desconectan la sección averiada

Desventajas:

a. Radica en el hecho que si durante el período de mantenimiento en el interruptor se produce una falla, provocará el disparo simultáneo de los interruptores de los circuitos restantes.
b. No se pueden transferir las salidas de línea de una barra a otra.

Figura N° 4

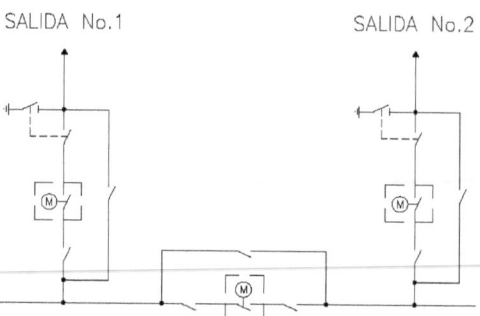

4. Barra principal seccionada y barra de transferencia (Figura N° 5):

Este esquema permite varias configuraciones de acuerdo al número de seccionadores que se utilice.

Una variante utilizada, se reduce al indicado en la Figura No. 4.consiste en una barra principal dividida en dos secciones a través de un interruptor a la cual van conectados todos los circuitos mediante interruptores y una barra auxiliar o de transferencia la cual está acoplada a la barra principal por un interruptor; así mismo todos los circuitos se conectan a la barra de transferencia mediante seccionadores de transferencia así como el interruptor de transferencia a la otra sección de barra.

La capacidad de manejo de potencia de la barra de transferencia se diseña para el manejo de un circuito, por motivos económicos.

Equipos:
a. Un interruptor por circuito
b. Un interruptor de transferencia más un interruptor de enlace de barras
c. Tres seccionadores por circuito más dos seccionadores de enlace de barras
d. Tres seccionadores de transferencia

Ventajas:
a. Buena flexibilidad y confiabilidad.
b. Facilidad de mantenimiento sin interrupción de servicio.
c. Se puede proteger la salida transferida con las protecciones propias del interruptor de acoplamiento (o de transferencia).
d. Tras un corte de servicio se restablece rápidamente la continuidad del circuito fallado a través de la transferencia.

Desventajas:
a. La inspección o trabajos en los seccionadores de barra obliga a dejar fuera de servicio la barra correspondiente.
b. Se puede transferir solamente un circuito a la vez
c. No pueden transferirse los tramos de transformación pues las protecciones son distintas.
d. Mayor costo

Figura N° 5

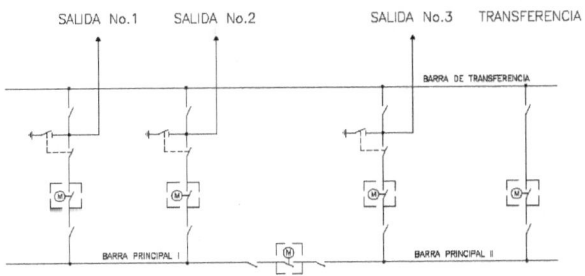

5. Anillo sencillo (Figura N° 6)

Consiste en un anillo alrededor del cual se conectan los diferentes tramos. Normalmente se limita a un máximo de seis salidas.

Equipos:
a. Dos interruptores por circuito
b. Cuatro seccionadores por circuito más el seccionador propio del circuito para conexión a la barra.

Ventajas:
a. La apertura de un interruptor no afecta la continuidad de servicio, ya que se abre el otro interruptor adyacente, luego se cierran los interruptores de enlace y queda restablecido el servicio instantáneamente.
b. Adecuada flexibilidad de operación y mantenimiento.
c. No es necesaria la protección de barras.
d. Bajo costo.

Desventajas:
a. Si por una falla o mantenimiento, se encuentra el anillo abierto y se abre otro interruptor por cualquier causa, se podría interrumpir la alimentación a la Subestación provocando la salida de servicio de toda la Subestación. Se puede evitar colocando en forma alternada fuentes de alimentación y cargas, aunque no siempre es posible.
b. Las ampliaciones implican serias interrupciones de servicio.

Figura N° 6

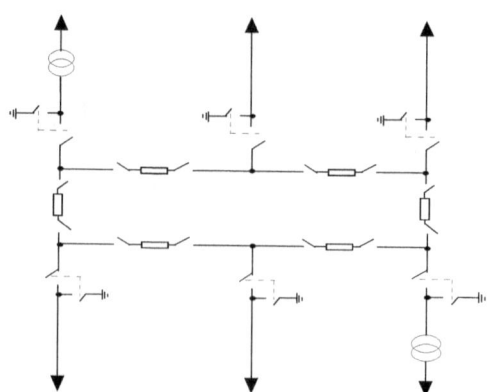

6. Anillo combinado (Figuras N° 7 y N° 8)

Este esquema está conformado por un anillo al cual se le hace una interconexión entre dos salidas opuestas, asegurando así una mayor confiabilidad y continuidad de servicio.

La representación gráfica puede observarse en las Figuras No. 7 y otra alternativa en la Figura No. 8.

Equipos:
a. Tres interruptores por circuito
b. Seis seccionadores por circuito más el seccionador propio del mismo para conexión a la barra

Ventajas:
a. No es necesario utilizar protección de barras.
b. Los circuitos protegidos por tres interruptores soportan doble contingencia.
c. Es de operación sencilla.
d. La expansión no implica serias interrupciones, si se toman en cuenta las previsiones de barraje y seccionadores adecuadas.

Desventajas:
a. El sistema de protección y medición de los circuitos es complicada, deben asociarse correctamente los interruptores con el alimentador.
b. Si por falla o mantenimiento, se encuentra un interruptor abierto y se produce la apertura de otro adyacente, puede aislarse parte del anillo combinado, provocando pérdida de la alimentación hacia la carga. Esta deficiencia puede evitarse colocando alternadamente alimentadores y cargas. Es básico no colocar los transformadores con interruptores comunes

Figura N° 7
Subestación Anillo Combinado

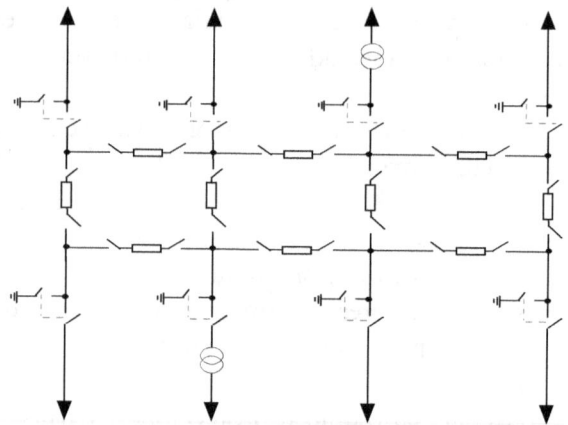

Figura No. 8
Subestación Anillo Combinado
Alternativa

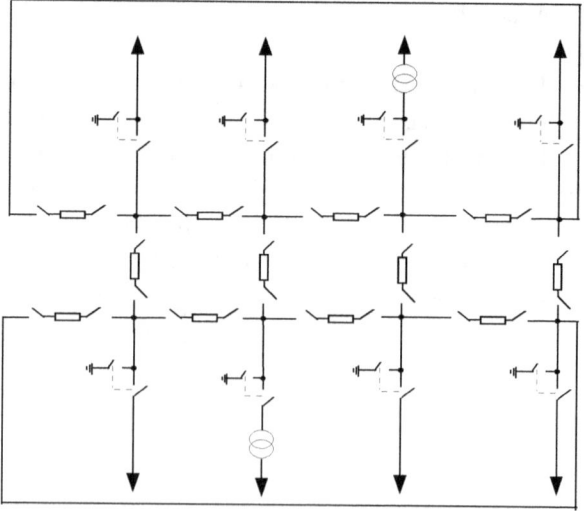

7. Doble Barra (Figura N° 9)

Esta configuración permite separar circuitos en cada una de las barras, incorporando un tramo de acople entre las dos barras. En este caso ambas barras deben tener la misma capacidad para soportar la carga de la subestación completa.

Equipos:
a. Un interruptor por circuito más interruptor del enlace de barras
b. Tres seccionadores por circuito más dos seccionadores del enlace de barras

Ventajas:
a. Se puede realizar mantenimiento en barras sin interrupción del servicio
b. Es flexible y útil en sistemas con malla compleja
c. Se puede utilizar el enlace de barras para conectar circuitos a una barra u otra, sin necesidad de cambiar de posición las líneas de transmisión

Desventajas:
a. Requiere un diseño de protección diferencial de barras
b. El tramo de enlace debe llevar transformadores de corriente para el funcionamiento de la protección diferencial de barras
c. Se requiere suspender servicio de la línea para mantenimiento de interruptores, dependiendo del mallado del sistema
d. Es costoso por la cantidad de equipos involucrados.

Figura N° 9

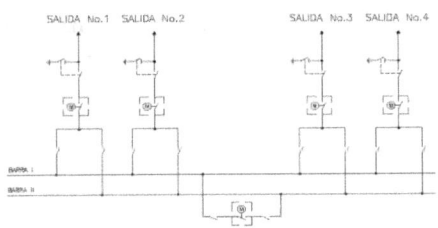

8. Interruptor y medio: (Figura N° 10)

Esta configuración consiste de dos barras principales, normalmente energizadas y de la misma capacidad, permite el manejo de potencia con flexibilidad y confiabilidad, por lo que se utiliza mucho en las subestaciones de muy alta tensión.

La bahía se compone de tres interruptores en serie, cada uno con transformadores de corriente a cada lado y sus respectivos seccionadores, a cuyos nodos eléctricos (sección entre los interruptores) se conectan las posiciones de las líneas de transmisión, transformadores de potencia, bancos de condensadores u otras instalaciones de la subestación eléctrica.

Equipos:
a. 1 1/2 (operacionalmente) interruptores por circuito
b. Tres seccionadores por circuito más dos para el interruptor central

Ventajas:
a. Hay confiabilidad en el servicio
b. Se puede realizar mantenimiento de interruptores sin afectar la continuidad del servicio
c. Fallas en barras e interruptor de barras, mantiene continuidad del servicio
d. Se puede operar en dos nodos del sistema

Desventajas:
a. Falla en el interruptor central se pierde un circuito adicional
b. Requiere diseño de protección diferencial de barras
c. Es costoso por la cantidad de equipos involucrados
d. El sistema de control y protección es complicado

Figura N° 10

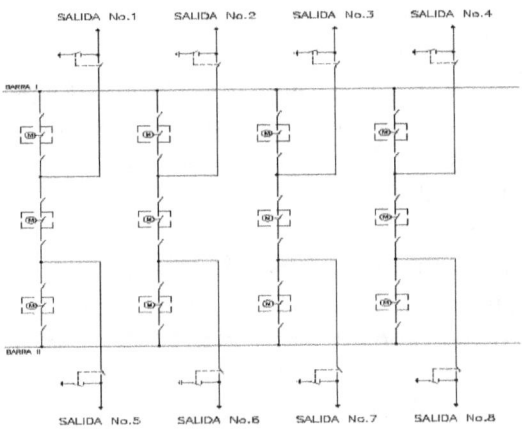

Existe una gran cantidad de variantes de esquemas de barras que pudieran utilizarse, como barra principal con doble transferencia, interruptor y tres cuartos, doble barra con doble interruptor, etc., y quizás muchas otras que en su genialidad el diseñador pudiera proponer, sin embargo por motivos de normalización y operación, las Empresas que manejan la transmisión no permiten muchas variantes en sus Sistemas.
Si no hay mucha variedad de esquemas en el Sistema, se simplifica el stock de repuestos, el mantenimiento y las funciones de operación.

Diseño del diagrama unifilar
Una vez definido el esquema de barras a ser utilizado, se debe conocer si la subestación será tipo exterior en alto o bajo perfil, o una subestación aislada en SF6, ya que el diagrama unifilar para un mismo esquema de barras cambiará en cuanto a cantidad de equipos y su ubicación para adaptarse a las condiciones de servicio.

Son variados los factores que deben tenerse presentes al realizar la selección del esquema unifilar apropiado para una Subestación dentro del marco del Sistema de Transmisión Eléctrico.
Los criterios básicos de diseño considerados son:

a. Modularidad
El esquema de conexión debe permitir ampliaciones futuras y modificaciones a otros esquemas, si ello es requerido por crecimiento de las cargas o mayores requerimientos de confiabilidad.

b. Seguridad y calidad de servicio
Se refiere a la capacidad del esquema para suministrar el servicio cuando es requerido.

c. Flexibilidad de operación
Es la posibilidad que ofrece el esquema para sacar fuera de operación un elemento (interruptor, barra, transformador de potencia, etc.) sin interrupción del servicio, incluyendo la posibilidad de seccionar la Subestación si fuese necesario, para mantener el suministro a un grupo de cargas.

d. Impacto ambiental
Se refiere a minimizar el impacto ambiental ubicando la subestación siempre lo más cercano posible al centro de carga

e. Mantenimiento
El esquema debe proporcionar facilidades para la realización del mantenimiento, proporcionando continuidad de servicio durante el mismo o el mínimo tiempo de corte.

f. Sistema de protección
El esquema debe permitir el uso de un sistema de protección sencillo, eliminando al máximo la maniobra de los equipos de protección. Es usual implementar el esquema que indica el dueño de la instalación por uniformidad operativa.

g. Normalización
Al utilizar esquemas normalizados se aumenta la confiabilidad, se disminuye el tiempo de reemplazo de equipos en caso de fallas destructivas y a la vez se reduce la posibilidad de errores humanos.

h. Inversión y rentabilidad
El costo debe ser tan bajo como sea posible, tomando en cuenta que cual será el uso de la Subestación, puede estar destinada a la producción de la industria petrolera, uso industrial, residencial o transmisión de una planta de generación.

i. Tipo de operación
Se refiere al hecho de estar permanentemente atendida, a control remoto, etc.

j. Normas de la Empresa Eléctrica
Deben cumplirse los requerimientos técnicos definidos por la Empresa Eléctrica y el Sistema donde será implantada la subestación, los equipos deben cumplir con los niveles de cortocircuito del Sistema Eléctrico y las características especiales definidas por el dueño de la operación de la instalación. Ejemplo: Capacidad de reserva 25 % para transformador de potencia.

Normas Internacionales y Venezolanas que aplican:

IEEE: Institute of Electrical and Electronic Engineers.
ANSI: American National Standards Institute INC.
IEC: International Electrotecchnical Comission.
NS-P.CADAFE: Normas para Proyectos de Subestaciones.
PDVSA: Manual de Ingeniería de Diseño.
FONDONORMA 200-2004:
   Código Eléctrico Nacional.

CAPITULO 2 PREDISEÑO DE DISPOSICIÓN DE EQUIPOS PARA SELECCIÓN DEL TERRENO

Muchas empresas eléctricas tienen bajo norma la disposición de equipos para los esquemas de barras típicos, pero es importante destacar que estas normas son solamente una guía de lo que aspira tener el cliente, ya que siempre habrá una forma creativa de optimizar esa disposición de acuerdo a la cantidad de circuitos que manejará la subestación, las ampliaciones previstas y los detalles para emergencias que se incorporen, como la colocación de una móvil de transformación o de distribución.

Selección del terreno:
Las subestaciones de alta tensión y muy alta tensión suelen ubicarse en las adyacencias de las centrales generadoras y en la periferia de las ciudades. Pueden estar al aire libre si se hallan en las zonas suburbanas o rurales, o dentro de un edificio si están en zonas urbanas. La localización de una subestación en particular estará definida por la entidad responsable del desarrollo del Sistema Eléctrico, basado en los estudios de Sistema realizados.

Esta sección se centrará en la selección de terreno al aire libre en zonas sub urbanas y/o rurales, por representar la mayoría de las locaciones.

La labor de seleccionar el terreno donde se asentará la subestación de alta tensión requiere como mínimo de la intervención de la Empresa contratante para la adquisición del terreno, ingeniero Civil, ingeniero Especialista en subestaciones, ingeniero de líneas de transmisión y distribución además de personal de tierras, es decir se requiere de un equipo multidisciplinario para lograr una ubicación óptima.

Como primer paso se debe disponer de la zona determinada por la Empresa Eléctrica como de alta densidad de carga, definida por el estudio del sistema y la planificación a mediano plazo y largo plazo; como segundo paso debe estar desarrollada una ingeniería conceptual que haya determinado las líneas de transmisión que alimentarán la subestación y la cantidad de circuitos de media tensión (si existen), así como la capacidad de transformación, para estimar el área necesaria para la implantación de la instalación y sus líneas asociadas.

Una vez estimada el área para la implantación de la subestación y estudiadas las posibles rutas de las líneas de transmisión, se debe realizar una visita a los terrenos que pueden alojar la subestación.

Los profesionales que realizarán la visita técnica, considerarán los siguientes criterios:

a. **Criterio topográfico, hidrológico y geotécnico:** Disponer de un polígono regular de acuerdo a las dimensiones seleccionadas lo más plano posible para disminuir los rellenos o nivelaciones costosas, alejado de correntías de aguas subterráneas para evitar que sea inundable (protección hidrológica); alejado de arroyos, ríos, laderas y barrancos; evitar suelos pantanosos y con nivel freático alto; evitar terrenos con rellenos no controlables, ni contaminados con escombros o basura; evitar terrenos rocosos, seleccionar considerando protección de infraestructuras existentes.

b. **Criterio económico:** Evitar zonas cuyas condiciones encarezcan la construcción por el impacto visual del entorno; realizar análisis costo beneficio, para selección adecuada.

c. **Criterio de acceso vial:** Toda subestación eléctrica debe contar con un acceso bien planificado que permita la entrada y salida de lobboy con los transformadores de potencia, reactores, en general equipos de gran tamaño; la facilidad de disponer de un acceso vial cercano permitirá la construcción de las líneas de distribución respectivas y la definición de un corredor para las mismas, la accesibilidad de las líneas de alta tensión asociadas y la posibilidad de aprovechamiento de servidumbres existentes.

d. **Criterio Social:** Adicional a las regulaciones de cada entidad, se debe considerar ubicar la subestación eléctrica alejada de distribuidoras de Gas y estaciones de gasolina, como mínimo 50 m alejada de zonas escolares y hospitales; evitar cruces de ductos subterráneos con fibra óptica; evitar zonas étnicas o de patrimonio cultural; valor socio económico de las zonas de cultivo potencialmente afectadas.

e. **Criterio ambiental:** Para la localización y selección del terreno se deben estudiar los reglamentos que aplican en material de protección del ambiente tanto para la subestación como para las salidas de líneas de alta y media tensión, tales como estar alejado de la orilla de un río 300 m como mínimo, lo que aplica inclusive para las torres terminales; la interacción con los habitas naturales de interés comunitario y con la flora y fauna protegidos de la zona, reservas especiales de aves y la protección agraria. Este punto aplica especialmente en el recorrido de las líneas de transmisión que alimentan a la subestación.

f. **Criterio de comunicación para voz y datos:** Si la filosofía de operación del dueño de la instalación incluye comunicación a través de microondas, se debe disponer de línea de vista hacia el repetidor existente, para evitar la instalación de grandes antenas.

g. **Criterio legal:** Se debe tratar de seleccionar un terreno con un solo propietario, para la facilidad de la negociación; es ideal la adquisición del terreno dos años antes del inicio de la construcción, a fin de obtener los permisos necesarios y la elaboración de los estudios previos, tales como Informe de impacto ambiental, estudio de suelos, topografía original, estudio hidrológico, estudio de resistividad.

h. **Criterio territorial:** Compatibilidad de los emplazamientos con la planificación, con el plan energético del Sistema Eléctrico.

Los ingenieros de las distintas especialidades, deben visualizar las características para:

- Las llegadas de líneas de alta tensión, con la finalidad de evitar cruces de líneas a la llegada de la subestación y optimizar el diseño de los pórticos de llegada.
- El tipo de terreno, para determinar las facilidades de fundaciones de pórticos, equipos, casas, malla de tierra, ya sea arenoso, arcilloso, con nivel freático superficial, etc.
- La factibilidad de drenajes, observando la inclinación natural del terreno, altura respecto a vialidades adyacentes, ríos cercanos, etc.; de manera que se pueda realizar el diseño sin afectar las viviendas aledañas y los costos elevados.
- Las facilidades para la aducción de agua blanca en la instalación y descargas de aguas negras, así como alimentación eléctrica provisional para la construcción, para lo que debe acudirse a los archivos de Planificación Urbana y obtener los planos actualizados y visualizar líneas de media tensión cercanas. Hoy día se pueden utilizar equipos desechables como lavaojos para la sala de baterías, si no se dispone de agua potable cercana.
- La factibilidad de las salidas de media tensión, revisando calles adyacentes que permitan el corredor de las mismas.
- La dirección del viento, para optimizar la ubicación de la sala de baterías, de manera que pueda haber ventilación natural, en caso que falle la ventilación forzada.
- Ubicación del norte, para la adecuada colocación de la casa de mando, fue criterio de diseño colocar las salas de mando con vista hacia el patio de maniobras, hoy día es importante que el sol no impida la visibilidad de las

pantallas del control numérico donde se visualiza toda la actividad de la subestación.

Una vez realizada la visita técnica, se debe elaborar un informe comparando las características de los posibles emplazamientos y solicitar a la unidad de adquisición de los mismos una inspección para determinar y ubicar a los propietarios del terreno. El informe debería contener como mínimo los siguientes puntos:

— Accesibilidad
— Aspectos topográficos y geológicos del terreno
— Líneas eléctricas
— Zonas urbanas
— Planificación energética
— Planificación territorial
— Habitas naturales de interés comunitario
— Distancia a espacios de interés ambientales
— Flora y fauna protegida

En el cuadro siguiente se presenta un ejemplo:

Nombre del proyecto	Código de Producto:	
Disciplina	Revisión N°	Fecha

Aspecto considerado	A	B
Accesibilidad de la ruta para equipos mayores		
Longitud del recorrido		
Recorrido por zona edificada		
N° de curvas de radio de giro superior a 90°		
Recorrido por vías estrechas (inferior a 6m)		
N° de curvas de radio de giro superior a 90° en vías estrechas		
Aspectos topográfico y Geológicos		
Geología (tipo de suelo)		
Altitud		
Topografía (pendiente natural) (%)		

Ingeniería para Subestaciones de Alta Tensión

Aspecto considerado	A	B
Líneas Eléctricas		
Longitud total de líneas Eléctricas de Alta Tensión		
Costos de líneas de alta tensión por km		
Aprovechamiento de servidumbres existentes		
Zonas urbanas		
Distancia del terreno a núcleo poblado		
Valor socio económico de los emplazamientos		
Valor etnográfico del terreno		
Presencia de elementos del patrimonio cultural		
Planificación energética		
Incluido en planificación eléctrica		
Incluido en planificación de gas		
Incluido en planificación petrolera		
Planificación territorial		
Planeamiento general estatal		
Planificación Distrital		
Uso		
Hábitats naturales de interés comunitario		
Longitud de las líneas eléctricas que recorren hábitats naturales		
Presencia de hábitats naturales prioritarios		
Distancia a espacios de interés ambiental		
Distancia mínima a Espacios protegidos		
Distancia a orilla de ríos		
Distancia a Instalaciones de gas o estaciones de servicio		
Distancia a escuelas		
Distancias a instalaciones petroleras		
Flora y fauna protegida		
Longitud de líneas eléctricas en los cuadrantes definidos como zonas protegidas.		

Una vez elaborado el informe, se recomienda la alternativa óptima.

Aprobada la alternativa más conveniente, se debe obtener el permiso legal del dueño para realizar los estudios que determinarán los criterios de diseño de ingeniería de la subestación, vale decir, estudio de suelos y levantamiento topográfico; el estudio hidrológico se realizará solo si se considera conveniente, por ser un estudio histórico, no es necesario el permiso del propietario.

Se debe también disponer del Estudio del Sistema para determinar el nivel de corto circuito para el año horizonte, ya que el mismo aportará información valiosa para el cálculo de fundaciones, estructuras metálicas, protección contra descargas atmosféricas y malla de tierra. El estudio de resistividad es conveniente realizarlo luego de haber culminado el movimiento de tierra, ya que el material de préstamo no necesariamente tiene las mismas características del terreno natural. En algunos casos por la premura de construcción de la subestación se ha colocado la malla de tierra mientras se construye la plataforma, para ello se debió realizar el estudio de resistividad en el terreno original y considerar la calidad del material de relleno, ya que la malla de tierra se coloca a 50 cm de profundidad.

Con los resultados de los estudios, se podrá elaborar un estimado de costos de la subestación más preciso e iniciar la ingeniería básica y de detalle, según sea la etapa del proyecto.

Para el caso de locaciones de subestaciones ubicadas en una edificación dentro de ciudades, deben cumplir con los criterios b., c. adaptado a la edificación*, d. lo que aplique, e especialmente para las líneas de alimentación, g. lo que aplique y h, descritos anteriormente.

*No debe quedar en sótanos sin acceso vehicular, pisos elevados, terrazas o en general lugares donde no sea posible el ingreso de montacargas o instalación de grúas corredizas.

Para determinar las dimensiones del local, se deberá considerar espacio suficiente para alojar los equipos, el acceso y espacio de trabajo para segura manipulación y mantenimiento.

En esta etapa del proyecto se puede elaborar un estimado de costos para efectos de permisos de licitación, sin embargo los precios se ajustarán de acuerdo a los resultados de los estudios que se realicen sobre el terreno seleccionado.

CAPITULO 3: PLANIFICACIÓN Y LISTA DE PLANOS

Para realizar la planificación de la ingeniería debemos disponer del alcance del proyecto firmemente establecido, es decir el diagrama unifilar y la disposición de equipos sin modificaciones.

El diagrama unifilar nos permite definir la cantidad y los tiempos de procura de los equipos nacionales e importados (tiempos de fabricación, recepción de planos de equipos, pruebas en fabrica, transporte y recepción en sitio), y de esta manera iniciar la planificación del diseño de los planos de cada especialidad y las fechas con que son requeridos en obra para su instalación.

La planificación de la ingeniería de detalle estará en coordinación con el programa de construcción de la subestación y de llegada de las líneas de transmisión y de distribución.

En la disposición general de equipos se define la ubicación no solo de los equipos de alta tensión sino de las edificaciones necesarias, casa de mando, casas de relés, sala de baterías, caseta diésel, las pistas, canales y ductos, tipo de iluminación exterior, disposición general de fundaciones, drenajes, malla de tierra y tipo de protección perimetral.

Se deben incorporar los tiempos de espera de recepción de ofertas de los equipos y la disponibilidad de sus características técnicas para el desarrollo de la ingeniería de detalle, se trabaja en conjunto con el personal de procura, por ejemplo se define que se van a comprar los equipos en los primeros dos meses y se va a disponer de los planos en el tercer mes y la aprobación del cliente en 15 días para poder utilizarlos en la ingeniería de detalle, a veces el cliente te proporciona los equipos y las características de los mismos dependen de la empresa eléctrica y los estudios del sistema actualizados; se debe tener mucho cuidado durante la revisión de los equipos a ser utilizados: por ejemplo hubo una ampliación de una subestación donde se ofertaron equipos con un nivel de cortocircuito que ya se encontraba por debajo de los nuevos estudios realizados y el cliente había actualizado los niveles de cortocircuito, los equipos necesarios eran más costosos que los ofertados y la empresa tuvo pérdidas por este concepto, pues a pesar que los equipos instalados estaban bajo la anterior característica no aceptaron que en la ampliación se colocaran equipos similares a los existentes, pues en un futuro los equipos serían reemplazados para adaptarse a los nuevos requerimientos del sistema. Cuando se planifica la ingeniería, por lo tanto se debe contemplar un periodo de tiempo para la procura y su análisis técnico.

Es recomendable en el programa de planificación agrupar por especialidad los planos ya que si se detallan cada uno de ellos se hace muy difícil de manejar el seguimiento y control. Por ejemplo Drenajes: colocaríamos disposición general, descargas al exterior y detalles, si tenemos 15 detalles pues se le coloca un porcentaje a cada uno y el avance se mide por ese porcentaje.

En general se hace la planificación, los cómputos y lista de planos en función del tamaño y características de equipos típicos, sobre todo para prediseño de fundaciones, sin embargo no siempre se cumple esta premisa, la globalización mundial ha traído como consecuencia muchos problemas con la adquisición de equipos pues hay empresas grandes y reconocidas que compran fabricas viejas que tienen diseños con materiales que no son de última generación y necesitan más material para cumplir con los aislamientos y las normas internacionales, por lo que los equipos son más pesados e influyen directamente en el diseño de estructuras y fundaciones, y aunque el equipo sea más barato en su procura los servicios conexos aumentan mucho de precio y los tiempos de ingeniería aumentan. Hubo un caso de adquisición de unos equipos de medición chinos (que tenían el sello de una empresa alemana reconocida) provenientes de una fábrica muy antigua y causó problemas de modificaciones de soportes de equipos ya fabricados e instalados con los consecuentes costos imprevistos y retrasos en el montaje, en otra ocasión en una subestación en alto perfil donde los seccionadores se encuentran montados en los pórticos, cuando llegaron los planos los brazos tenían un metro más de lo que las distancias mínimas a masa permitían, (por el material con el que estaban fabricados) y el proveedor tuvo que modificar su material para que pudieran ser instalados en la subestación, afortunadamente se detectó a tiempo.

La planificación de la ingeniería esta enlazada con la elaboración de los estudios del terreno, si no se dispone de la resistividad del terreno no puedes diseñar con precisión la malla de tierra o la topografía original para realizar la topografía modificada y el diseño de los drenajes o el estudio de suelo que en conjunto con la información sísmica del sitio y el peso de los equipos te permite hacer el diseño de las fundaciones y edificaciones.

Se acostumbra colocar un ítem de imprevistos para sorpresas durante la ingeniería, por ejemplo en una subestación al realizar el estudio de suelos se encontró un relleno sanitario y nadie se imaginaba que eso podía estar allí y el tiempo y costo de sanear el terreno fue sustancial e impactó toda la programación de la construcción. Puede ser también que una subestación se inunde pues no tenías el estudio hidrológico, el ingeniero civil realizo la visita en época de verano sin tener información para determinar que el terreno era inundable y el diseño obliga a hacer unos drenajes muy costosos y robustos para evitar que la subestación se inunde.

Mundialmente muchos equipos se adecuan al sistema donde están inmersos, tenemos empresas que utilizan históricamente equipos europeos y otros americanos, donde las normas ya sean ANSI o IEC presentan pequeñas variaciones en cuanto a las exigencias para un mismo equipo, el ingeniero gerente debe tener una visión muy integral, lo que llamaríamos visión en helicóptero, para minimizar los imprevistos, entonces la planificación de la ingeniería debe también estar enlazada con la planificación de la construcción, conocer en cual momento de la construcción se necesita el plano tal o cual aprobado pues es el input para avanzar con la construcción. Claro se tiene una secuencia lógica que debe ser respetada por el planificador para lograr cumplir en el tiempo con lo ofrecido en el contrato.

La denominación o numeración de los planos es muy importante, cada empresa eléctrica tiene su codificación particular y el diseñador debe ajustarse a ella, se sugiere para optimizar el trabajo incorporar en la planificación la codificación que corresponda al proyecto desde el inicio

La planificación se realizará en orden cronológico de acuerdo al desarrollo del proyecto, tenemos entonces:

a. **Estudios del terreno:** Levantamiento topográfico, estudio de suelos, estudio de resistividad, estudio hidrológico.

b. **Electromecánicos:** La sección electromecánica contempla los planos de equipos, la disposición general de equipos y cortes, donde pueden definirse conectores, alturas de soportes, tipo de conductores aéreos o barras.

c. para conexiones entre equipos y pórticos, se tienen entonces los siguientes grupos de planos:
   - Disposición de equipos general
   - Disposición general de equipos para cada patio según nivel de tensión
   - Cortes electromecánicos
   - Planos de equipos, iniciando por los equipos mayores de patio
   - Disposición general de conectores, cadenas y herrajes
   - Disposición general de conectores por nivel de tensión-cortes
   - Detalles de conectores
   - Disposición general de pórticos, isométricos
   - Tablas de tensado
   - Detalles de pórticos de barras, llegadas de líneas, etc.
   - Soportes de equipos de cada tipo
   - Detalles de montaje de equipos individuales o tableros
   - Disposición general de Malla de Tierra y apantallamiento
   - Puesta a tierra de equipos, soportes, pórticos y tableros de patio o edificaciones

d. **Eléctricos:** Esta sección contempla los unifilares de la subestación general y unifilares por nivel de tensión, los unifilares ampliados que incorporan el sistema de protección y control, sistema de iluminación y tomacorrientes de patio, servicios auxiliares, control numérico, deben tomarse en cuenta como mínimo los siguientes grupos de planos:
   - Diagrama unifilar general
   - Diagrama unifilar por nivel de tensión
   - Diagrama unifilar ampliado por nivel de tensión
   - Diagrama unifilar de servicios auxiliares de corriente alterna y de corriente continua
   - Control numérico: arquitectura, ficha técnica de equipos, diagramas de circuitos, diagrama funcional de

la red de fibra óptica y tablero de control numérico/consola de operación
- Diagramas de principio y funcionales de protección y control por bahía, ya sea de generador, transformador de potencia, barras o salida de línea.
- Documentos: contempla los cálculos a realizar durante el proyecto, ya sean de servicios auxiliares, de disponibilidad del control numérico, cálculo de apantallamiento, cálculo de distancias mínimas, cálculo de Iluminación o las tablas de características técnicas garantizadas de los equipos.
- Rutas de cables, ya sean de servicios auxiliares como de fibra óptica
- Cuadernos de cableado por bahía o tramo de la subestación
- Listas de cables
- Protocolos de pruebas tableros de protección por circuito
- Protocolos de pruebas de Control numérico por circuito.

e. **Civiles:** En esta sección se considerarán los planos asociados al movimiento de tierra, las fundaciones, edificaciones y servicios asociados, detección de incendios, ventilación forzada en edificaciones, disposición general de pistas, canales y ductos, malla de tierra, protección perimetral. Se tomaran en consideración los siguientes grupos de planos:
- Disposición general de fundaciones y plano con cotas de tope de fundaciones.
- Detalles de fundaciones por equipo de patio, iniciando por el más pesado en el patio, incluirá las fundaciones de transformadores de potencia, generador diésel, seccionadores, transformadores de medida, pórticos, torres de iluminación.
- Disposición general de pistas canales y ductos
- Detalles de pistas

- Detalles de canales de cables de AT y BT
- Detalles de tanquilllas de AT y BT
- Cálculos de cada fundación
- Edificaciones: incluye Arquitectura, cortes, fachadas, detalles de fundaciones, detalles de vigas de riostra, losa de piso y columnas.
- Detalles generales, que incluyan ventanas, puertas, canales de cables internos, techos, isometría de aguas potables, drenajes de aguas contaminadas.
- Disposición general de drenajes: dependiendo del operador de la subestación el diseño de los drenajes puede ser con drenajes profundos o superficiales, por lo tanto la planificación debe adaptarse al criterio que solicite el cliente, por lo tanto se deben considerar:
- Disposición general de drenajes interiores
- Disposición general de drenajes superficiales, detalles que incluyen cruces, empalmes, tanquillas de drenaje, detalle de separadores de aceite para fosa de transformadores, etc.
- Disposición general de protección perimetral
- Detalles de la malla o pared perimetral

f. **Telecomunicaciones**
- Esquema general de comunicaciones
- Plano de distribución.
- Planos funcionales y de cableado
- Protocolo de pruebas y puesta en servicio

g. **Manual de operación y mantenimiento:** Se debe siempre suministrar por lo menos dos meses antes del inicio de las pruebas de puesta en servicio de la instalación para que los ingenieros dispongan de toda la información técnica de la instalación en un solo documento.

h. **Planos como construidos:** Una vez concluidas las pruebas y puesta en servicio se deben elaborar estos planos con los borradores de obra debidamente firmados por el cliente y el ingeniero residente.

Una vez se dispone de la información del diagrama unifilar y la disposición de equipos preliminar, la lista de planos puede elaborarse por especialidad , considerando que puede variar dependiendo de la empresa contratante y su exigencias normativas, sin embargo una lista de planos genérica que permita desarrollar las obras electromecánicas, obras civiles, protección y control, así como telecomunicaciones y obras conexas es factible de realizar sin inconvenientes, luego de iniciada la ingeniería de detalle particular se puede complementar la lista de los planos de detalles.

La recomendación por experiencia de años elaborando las listas de planos es hacerse un diagrama mental de la instalación como si la estuviéramos construyendo, primero los estudios preliminares, luego desarrollamos el patio de la subestación con todos los planos generales necesarios para definir plenamente la subestación, después los equipos de patio empezando por los equipos mayores, hasta los pórticos y soportes, iluminación y tomacorrientes, esto nos permitirá iniciar la procura y disponer de los planos de los equipos nos llevan a los diseños civiles, fundaciones, pistas canales y ductos, drenajes., iluminación exterior.

Luego entramos a las casas que se definieron y allí pensamos en los planos de servicios, sistema de control numérico, sistema de protecciones, telecomunicaciones, tableros de servicios auxiliares, sistema de vigilancia.

Y de nuevo nos vamos al patio definiendo como realizar la conexión a patio de los sistemas que tenemos en las edificaciones y los planos necesarios para hacer que todo funcione.

Por último los protocolos de pruebas y el manual de operación y mantenimiento.

QR2

CAPITULO 4: SELECCIÓN DE EQUIPOS

Para llevar a cabo la selección de equipos son muchos los detalles técnicos que deben ser considerados.

Normas o publicaciones aplicables:
IEC – 60694   Common clauses for high-voltage switch-gear and control-gear standards
IEC-6271-100 High-Voltage switchgear and controlgear - Part 100: high-voltage alternating-current circuit-breakers
IEC 62271-203:
High-voltage switchgear and controlgear - Part 203: Gas-insulated metal-enclosed switchgear for rated voltages above 52 kV.
ANSI-C37.30 Definitions and Requirementsfor Higt-Voltage Air switches, Insulators and Bus Supports.
IEC 62271-102 Alternating current disconnectors and earthing switches.
IEC-265 High   Voltage Swiches
IEC 60300-3-1
Dependability management, Part 3-1: Application guide. Analysis techniques for dependability. guide on methodology.
ANSI C57.19.01
Electrical, Dimensional and Related Requirements for Outdoor Apparatus Bushings
ANSI- C57.13 Requirements for Instrument Transformer

IEC 60044-2 Instrument Transformers – Part 2: Inductive Voltage Transformers

ANSI C93.2 Requirements for Power-Line Coupling Capacitor Voltage Transformer

IEC - 44 Instrument Tranformers

ANSI C57.13-IEEE:
Standard Requirements for Instrument Transformer

CEI 60099-4 Surge Arresters. Part: 4 Metal-Oxide Surge Arresters without gaps for A.C. Systems.

ANSI C62.11 Standard for Metal Oxide Surge Arrester for Alternating Current Power Circuits.

NEMA 107 Method of Measurement of Radio Influence Voltaje (RIV) of High Voltage Apparatus

IEC 60815 Guide for the selection of insulators in respect of polluted conditions

CEI 273 Dimensions of indoor and outdoor post insulators and post insulator units for systems with nominal voltages greater than 1000 V

NEMA HV1 High Voltage Insulators.

NEMA HV2 Application Guide For Ceramic Suspension Insulators

Criterios de selección:

a. **Coordinación de aislamiento:** se usará el método convencional, basado en la sección de niveles de aislamiento superiores a los esfuerzos dieléctricos que se prevén puedan ocurrir, tomando en cuenta un margen de seguridad de un 20 % (para tensiones hasta 230 kV).

Dado que el BIL (BASIC IMPULSE LEVEL) de los diversos equipos de las subestaciones estará especificado o seleccionado según las normas y es igual para todos los equipos de la Subestación, el problema de coordinación de aislamiento se reduce a la selección y aplicación de pararrayos de características apropiadas, ubicados lo más cerca posible de los equipos a proteger.

b. **La estructura característica** del tipo de subestación incorpora variaciones de equipos muy extensos, porque cambian si son de alto perfil, bajo perfil, aisladas en SF6, exteriores o interiores.

Para subestaciones en alto perfil, los interruptores se encuentran debajo de los pórticos y tienen los transformadores de corriente incorporados en los bushing, si se colocan en subestaciones de bajo perfil los interruptores y transformadores de corriente son equipos independientes y si quieres colocar una GIS, las especificaciones de los mismos equipos son muy particulares para que puedan operar aislados en el gas; la decisión de instalar los equipos en edificaciones puede complicar mucho la escogencia o definición de los mismos, por ejemplo puede requerirse un puente grúa para ensamblar y reemplazar en un momento dado una parte de la GIS y debe coordinarse muy bien la capacidad del puente grúa con el diseño del estancamiento de la piezas de la GIS que pese de acuerdo al puente grúa instalar, que además define las fundaciones de la edificación. (Tamaño y peso de las piezas a transportar)

c. **Nivel de contaminación**, altitud de instalación y niveles sísmicos de la locación.

d. **Los niveles de tensión** de la subestación son muy importantes, por ejemplo los cables a partir de 230 kV deben ser apantallados por las interferencias electromagnéticas. Los calibres de cables suelen estar normalizados en las subestaciones ya que técnicamente esto define distancias por lo que en subestaciones muy grandes se colocan las casas intermedias para utilizar el mismo calibre de cables en un uso determinado y así evitar mucha variación o calibres muy grandes que aumentan el tamaño de los canales de cables, entradas a la casa de mando, y definición de borneras comerciales en los tableros de patio y de casas. Los cables de alta tensión para alimentar una GIS por ejemplo deben estar especificados de acuerdo al tipo de terreno donde se instalara (zanjas) o canalizaciones, las características de potencia a manejar, ya que una salida de línea puede manejar menos potencia que el tramo de transformador de potencia.

Selección de equipos principales:
La selección de los equipos mayores de una subestación que son transformadores de potencia y reactores, son de exclusiva opción de los Estudios del Sistema Eléctrico y no dependen del diseñador, por tal motivo no se incluyen en esta sección; de igual manera las celdas de media tensión son definidas por la Empresa Eléctrica operadora del sistema.

Dependiendo de la ingeniería básica aprobada, donde se define el diagrama unifilar y la disposición general de equipos, el diseñador puede intervenir en la selección de los siguientes equipos:

a. **Interruptores:** Equipo destinado a la apertura y cierre de un circuito, será automática la operación definida para condiciones determinadas en el diseño del equipo y que cumplen con las normas internacionales, se dispone de interruptores con diferentes sistemas de extinción del arco eléctrico:
   - Atmósfera de hexafluoruro de azufre (SF6) (el más utilizado actualmente)
   - Pequeño volumen de aceite
   - Vacío
   - Aire comprimido (en desuso)
   - Soplado magnético (corriente continua)

b. **Seccionadores:** Equipos de maniobra y corte, que permiten la desconexión de la subestación de la red, aislar interruptores, transformadores de potencia y barras. Soportan corrientes de cortocircuito y el de puesta a tierra permite poner a tierra el circuito deseado. Tenemos variados modelos dependiendo del nivel de tensión y disposición de equipos:

- Seccionador con cuchillas giratorias, de apertura horizontal o vertical
- Seccionador pantógrafo

c. **Transformadores de corriente:** Disminuyen o aumentan la corriente alterna de líneas y barras, dependiendo de la configuración de la subestación se necesitan varios núcleos para medición y para protección, los cuales se definen con distintas clases de precisión.

Su ubicación dentro de la bahía está definida por los esquemas de medición y protección a utilizarse.

d. **Transformador de tensión:** Transforma la tensión fase – tierra a un valor de baja tensión, uno solo puede servir para medición y protección.

Dependiendo de su ubicación en la bahía pueden ser magnéticos o capacitivos.

e. **Pararrayos:** Se utilizan para la protección de los equipos de la subestación contra sobretensiones, tal como se menciona en el punto a. de este capítulo, la selección de este equipo es muy importante dentro de la instalación.

La tensión nominal y distancia de fuga son características fundamentales, porque no solo considera las sobretensiones temporales, sino la duración de las mismas, la tensión máxima del sistema y el grado de contaminación. Es necesario especificar la duración del cortocircuito, que obviamente depende de los tiempos de operación de los relés e interruptores para el despeje de la falla. Se debe considerar la capacidad máxima de energía (kV) en las subestaciones de Alta Tensión porque la energía disponible es muy elevada y con poca posibilidad de distribución entre los pararrayos instalados.

f. **Equipos de medida:** Se definen con escalas de acuerdo a los valores máximos esperados en la subestación y se utilizan para los puntos de medida.
- Voltímetros

- Amperímetros
- Vatímetros
- Contadores
- Varímetros

g. **Relés de protección:** El tipo de relé que se utiliza depende de la filosofía de operación de cada Sistema donde se encuentre inmersa la subestación; la función y marca es variable y dependiendo si es una subestación nueva (por los enlaces remotos) o ampliación (para mantener uniformidad) la Empresa operadora del sistema normalmente define el esquema a utilizar. En el aparte de protecciones que encontrarán más adelante se mencionan los distintos tipos de relés utilizados frecuentemente.

h. **Conectores:** El diseño, tamaño y forma de los conectores depende de la dimensión y material del tubo o cable a ser utilizado para las conexiones en alta y son fabricados para el nivel de tensión de uso, así se garantiza la circulación de corriente máxima que transporten los conductores que ellos unan sin elevaciones de temperatura dañinos para la instalación.

La selección de los mismos se realizará una vez se encuentren definidos los equipos de patio, los conductores o barras a ser instalados y los cortes donde se aprecie la forma de conexión a realizar.

i. **Aisladores:** En la subestación se utilizan distintos tipos de aisladores, su selección depende de las condiciones ambientales y del diseño particular de la subestación, dependiendo de su ubicación tenemos:
- Aisladores de suspensión: Se utilizan para la instalación de barras tendidas, llegadas de líneas y/o tramos que requieran amarres aéreos. La cantidad de platos a instalar en las cadenas depende del nivel de contaminación (IEC-815) y distancias a masa que se requiera en la subestación de acuerdo al nivel de tensión.

- Aisladores soporte: se utilizan para lograr conexiones entre equipos disminuyendo los esfuerzos sobre los terminales de los mismos cuando las distancias son grandes, normalmente para conexiones con tubos. Al seleccionarlos se debe especificar si se utilizarán con montaje vertical u horizontal (clase de resistencia mecánica), el nivel de contaminación (IEC-815).

QR3

j. **Estructuras Metálicas:** El diseño de las estructuras tiene su propia norma de diseño y debe cumplir con los esfuerzos a los cuales serán sometidos los pórticos y soportes de equipos (celosía o tubulares), niveles de cortocircuito, rotura de una fase, peso de las cadenas de aisladores, etc.

La selección del tipo de estructuras (de celosía o tubular) considerará el aspecto económico para la consecución de la materia prima, los tiempos de fabricación y el peso sobre las fundaciones dependiendo del tipo de suelo y condiciones sísmicas de la zona; la mayoría de las veces se escogen por uso y costumbre de la Empresa Operadora.

Se elaboraran planos isométricos para su fabricación que incluyan como mínimo lo siguiente:

Cargas verticales:

Peso de los equipos montados sobre vigas y columnas, Peso de dos (2) personas de 100 kg c/u, aplicadas en el centro de las vigas, Peso de herrajes., Peso de cadenas de amarre o suspensión, Peso de aisladores soporte, Peso de medio vano de conductor, Peso de medio vano de cable de guarda

Cargas longitudinales:
Se consideran cargas longitudinales aquellas fuerzas ejercidas por las barras tendidas y el cable de guarda sobre la estructura en la dirección del eje de estos, obtenidas por medio de la ecuación de cambio de estado.

Cargas Transversales:
Serán las obtenidas debido a la presión del viento sobre los conductores, se considerará una velocidad del viento igual a 120 km/h

k. **Barras tendidas y soportadas:** La selección del tipo de barras está definida por la Empresa Operadora de la subestación, ya que se tienen por motivos operativos normalizados los tipos de barras a ser utilizados para los distintos esquemas de barras., sin embargo si depende del diseñador, debe realizar los cálculos y estudios necesarios para determinar la opción más económica en dinero y tiempo de construcción, considerando los criterios indicados seguidamente.

Para determinar las secciones de los juegos de barras que conforman las subestaciones se considerarán los siguientes criterios:

− Capacidad de corriente en régimen normal y de emergencia: Obtenida a través de la ecuación de balance térmico del Método de Westinghouse Modificado.

− Capacidad de Corriente por Cortocircuito: Calculada con la fórmula Underdonk's, extraída de la sección N° 9 de la IEEE 80-1986.

− La sección de los conductores deberá ser tal que su temperatura no exceda la temperatura ambiente de diseño (40 °C) en más de 30 °C para condiciones normales y 70 °C para condiciones de emergencia.

− Criterios mecánicos para barras Soportadas:
Deflexión de las barras:
Basada en las Normas ANSI - IEEE 605-1991 Std. Guide for Design of Substation Rigid - Bus Structures. La máxima deflexión permitida para las barras será de 1/150 veces la longitud del vano.

Esfuerzo estático:
El cálculo de este parámetro está basado en las fórmulas expuestas dentro de las Normas IEC 865 - Calculation of Effects of Short - Circuit Currents.

Esfuerzo dinámico:
Cálculo basado en las Normas IEC descritas anteriormente.

– Criterios Mecánicos para Barras Tendidas:

Se utilizarán los esfuerzos estáticos y dinámicos debido a la corriente de cortocircuito para el año horizonte.

En caso de que no se tengan los valores del estudio del sistema, al momento de realizar los cálculos se considerarán los siguientes valores de diseño:

La flecha máxima permisible a la temperatura máxima (70 °C) y sin considerar la acción del viento, no debe exceder el 2% del vano, para vanos menores de 20 m, 3 % del vano para vanos entre 21 m y 80 m, 5 % del vano para vanos mayores de 81 m.

La tensión máxima a la cual puede llegar el conductor será el 80 % de la tensión de diseño del pórtico con un viento de 120 km/h y a la temperatura máxima de la zona.

1. **Cables de media y baja tensión:** Los cables de media y baja tensión, se diseñarán de acuerdo a la condición que prevalezca entre los criterios que se indican a continuación:

    – Capacidad de carga
    La sección del conductor se seleccionará considerando que la carga a transportar por él, no exceda el 80 % de la capacidad del cable seleccionado a la temperatura ambiente de 40 °C.

    – Cortocircuito
    El conductor seleccionado será capaz de soportar la corriente de cortocircuito durante un tiempo de hasta 0,5 s, sin que su aislamiento se vea afectado.

    – Caída de tensión
    Se seleccionarán los conductores de forma tal, que la caída de tensión no exceda los siguientes porcentajes:

- Alimentadores principales: 1 %
- Alimentadores secundarios: 1 %
- Circuitos ramales: 3 %

m. **Iluminación:** La iluminación exterior de la subestación depende mucho del tipo de subestación ya que por concepto se debe poder iluminar apropiadamente los equipos de maniobra; en las subestaciones de alto perfil la iluminación se acostumbra colocar sobre los pórticos para evitar los puntos ciegos, sin embargo en las subestaciones de bajo perfil se utilizan torres de iluminación para abarcar espacios mayores lo que permite un nivel mínimo de iluminación sobre el área de trabajo (1,70 m) de 50 lux medidos en el punto medio de la proyección de la línea imaginaria trazada entre dos (2) torres adyacentes cualquiera. Los métodos de cálculo y los niveles de iluminación pueden ser similares para una misma área pero el diseño más apropiado depende del asesor y de las normas operativas del cliente.

En la actualidad se utilizan postes de iluminación pues las subestaciones no son atendidas y las torres de 20 0 25 m. de altura son muy costosas y complicadas para el mantenimiento, hasta se han diseñado torres de iluminación con mecanismos que permiten bajar la plataforma de instalación de las luminarias. Una GIS no necesita casi iluminación en el patio en virtud que solamente se ven algunos equipos de medición de presión y humedad, no hay equipos que operar. En conclusión el tipo de iluminación varía dependiendo del tipo de subestación y de la filosofía del cliente.

La iluminación de emergencia de patio se realizará por medio de dos (2) trípodes portátiles, que llevarán dos (2) reflectores de 250 W cada uno, que podrán conectarse a las tomas de corriente continua que se encuentran distribuidas en el patio de la subestación. La longitud mínima del cable de conexión será de 10 m.

La iluminación interior debe contemplar iluminación normal y de emergencia, usualmente con los valores siguientes:

– Sala de mando en superficies de tableros	300 lux
– Sala de baterías	100 lux
– Depósitos, taller	300 lux
– Emergencia Sala de mando	100 lux
– Emergencia Sala de baterías	10 lux
– Emergencia Depósitos o taller	50 lux

CAPITULO 5: CRITERIOS DE DISEÑO DE OBRAS CIVILES

La Arquitectura de las obras civiles de una subestación la conforman el diseño electromecánico y el diseño eléctrico, fundamentalmente: tipo de subestación, configuración, etapas de desarrollo, disposición física, equipos mayores de compensación y transformación o distribución a utilizar, llegadas y salidas de líneas, niveles de aislamiento, etc.; con esta información se definen la cantidad y tipo de fundaciones de equipos de patio, las edificaciones necesarias, las pistas para el transporte de los equipos hasta su ubicación definitiva, los canales de cables, tanquillas y ductos para alojar los cables de media y baja tensión, la protección externa del área de la subestación, etc.

Normas venezolanas e internacionales aplicables:

COVENIN/MINDUR-1618	Estructuras de Acero para Edificaciones-Proyectos, Fabricación y Construcción
COVENIN/MINDUR-1753	Estructuras de Concreto Armado para Edificaciones-Análisis y Diseño
COVENIN/MINDUR-1756	Edificaciones Antisísmicas – (FUNVISIS)
COVENIN/MINDUR-2003	Acciones del Viento sobre las Edificaciones

COVENIN/MINDUR-4044	Normas sanitarias para proyecto, Construcción Reparación, Reforma y Mantenimiento de Edificios" Gaceta Oficial N° 4044 Extraordinario – Sept/88
CADAFE-NS.P	Normas para Proyectos de Subestaciones
FONDONORMA200-2004	Código Eléctrico Nacional
ACI -	American Concrete Institute
AASHTO	American Association of State Highway and Transportation Ofcials [AASHTO (1996)]
ASTM	American Society for Testing and Materials
AWS	American Welding Society
NFPA	National Fire Protection Association

Las áreas que se consideran parte del diseño civil son:

- Estudio geotécnico, levantamiento topográfico, Estudio de resistividad, Estudio hidrológico y Estudio de ruta de los equipos mayores.
- Localización, Acondicionamiento de terreno o topografía modificada
- Fundaciones
- Drenajes, cumplimiento de requerimientos ambientales para el manejo de fluidos peligrosos y aceites
- Pistas, canales y Ductos
- Malla de tierra
- Iluminación y tomacorrientes de patio
- Edificaciones
- Estructuras metálicas

a. Estudio geotécnico: Para el análisis geotécnico se requerirá de un estudio completo de las condiciones del subsuelo. Para lo cual es necesario realizar un programa de estudio de investigación compuesto de exploración, examen visual y ensayos de laboratorio a fin de determinar las características del tipo del suelo presente y su disposición, mediante perfiles.

La exploración deberá atender los siguientes parámetros: determinar la naturaleza del subsuelo, propiedades geotécnicas de los materiales encontrados, características de las diferentes zonas donde se proyectan las instalaciones, espesor promedio del material desechable (incluyendo la capa vegetal), establecer las recomendaciones necesarias para las fundaciones, dar las recomendaciones generales para el movimiento de tierra, estudio sísmico de la zona en consideración, análisis de asentamiento para fundaciones directas, capacidad de carga a comprensión para fundaciones directas.

En la exploración podrán utilizarse métodos directos, tales como calicatas y perforaciones; métodos indirectos o complementarios, mediante los cuales pueden conocerse características adicionales del suelo, tales como, ensayos de penetración, ensayos de compactación y consolidación y los utilizados para la determinación del porcentaje de humedad, resistividad eléctrica y estudio sísmico del sitio.

La profundidad de las perforaciones debe ser la suficiente para investigar todos los estratos que puedan ser afectados por las cargas transmitidas por las obras de infraestructura (tales como fundaciones para pórticos, interruptores, transformadores de potencia, transformadores de tensión, casa de control, armarios de repartición), que puedan contribuir a fallas o asentamientos excesivos de instalaciones. Si el estrato encontrado no es homogéneo se determinará si pertenece a un canto rodado (Peñón) o a un techo de roca.

Se realizarán un mínimo de una perforación donde se ubicará cada equipo mayor, 2 perforaciones en el área de la casa de control, 2 en cada patio, 2 en el área de pórticos y una fosa exploratoria o calicatas de 2 m de profundidad para obtener muestra de los estratos superficiales (espesor de capa vegetal para cálculo de volúmenes de movimiento de tierra).

b. Topografía: El levantamiento topográfico de la parcela para la subestación incluirá el sector de vialidad que puede existir cercano al área seleccionada y a un área perimetral de 20 m mínimo de alcance, adicional a las dimensiones requeridas, que permita, de acuerdo con la topografía del terreno, una tolerancia en la ubicación de la instalación, con el propósito de optimizar el diseño de la topografía modificada y por consiguiente del movimiento de tierra y el sistema de drenaje exterior.

A los fines de presentar fielmente la configuración de la superficie del terreno se tomará la densidad de puntos necesarios dentro de la cuadrícula seleccionada. Se levantarán además todos los detalles de interés como son: bienhechurías en general, cercas, tendido eléctricos, instalaciones existentes, tuberías, arboles superiores a 3 m, etc. El plano elaborado debe estar referenciado al sistema de coordenadas nacional.

c. Estudio de resistividad: Es indispensable para el diseño de la malla de tierra, se deben tomar las medidas sobre el terreno ya acondicionado, el método a utilizar es el de los cuatro electrodos en configuración Wenner.

Esta configuración consiste en colocar los electrodos sobre una misma línea recta separando los mismos a distancias iguales: se divide el terreno en varias direcciones y se realizan medidas, la separación inicial de electrodos será entre 3 a 5 m a una profundidad de 60 cm; a medida que se vayan tomando mediciones los electrodos se van separando en pasos de 2 m y se aumentará hasta cubrir una longitud de tres a cinco veces la profundidad de interés o hasta que la resistividad tenga tendencia a estabilizarse. El resultado debe plasmarse en un gráfico de resistividad vs separación de electrodos para determinar el punto donde la curva se vuelve asintótica.

Se debe recibir un informe que contenga la ubicación y fecha del estudio, naturaleza y configuración de las distintas capas del suelo identificando posibles interferencias (como tuberías o líneas energizadas), aparatos de medida utilizados, ubicación de los ejes de mediciones, configuración de los electrodos, tablas de resultados, curvas de resistividad e interpretación de las mediciones.

d. **Estudio Hidrológico:** Este estudio es histórico y del urbanismo de la zona, es posible que no se requiera en todos los casos. Si hay cercanía de ríos o áreas con amenazas de inundación por lluvias, pendientes fuertes o condiciones geotécnicas amenazantes, detectadas en la visita de selección del terreno, se debe realizar para evitar sobre costos innecesarios.

e. **Estudio de ruta de vialidades:** Es muy importante realizar un estudio de ruta para los equipos mayores, chequeando el peso que soportan los puentes y las vialidades rurales que pudieran encontrarse en el camino desde el puerto de recepción de estos equipos hasta la localización de la subestación. De esta manera se pueden realizar los refuerzos necesarios para los puentes o ampliaciones en las vialidades que lo requieran, así como coordinar la permisología en cada entidad.

f. **Acondicionamiento del terreno:** El proyecto de movimiento de tierra lo determinará, además de la topografía original del terreno, las recomendaciones del estudio geotécnico, las facilidades de acceso, el terraceo necesario según la disposición y distribución de los equipos.

La terraza se dimensionará de acuerdo a la disposición y distribución de los equipos del proyecto y previendo el espacio necesario para ampliaciones futuras.

La cota definitiva de la terraza será superior a la cota de la intersección entre la carretera adyacente y la vía de acceso. Esta vía de acceso tendrá una pendiente descendente mínima del 0,3 % hacia la carretera. La cota definitiva del terraceo deberá garantizar que las áreas exteriores no inunden el área destinada a la subestación, de manera que se tomará en consideración un desnivel con respecto al terreno natural que satisfaga el requerimiento de drenaje, además de la facilidad para la disposición final del drenaje de las áreas internas de la subestación.

El espesor promedio del material desechable (incluyendo la capa vegetal), será el indicado por el estudio geotécnico de la misma. El talud del terreno tendrá una pendiente de 1:2 y no requerirá de recubrimiento de concreto como protección. La terraza se conformará de tal manera que la rasante tendrá una pendiente del 0,5 % manteniendo la misma dirección de la topografía del terreno para facilitar el drenaje superficial.

La diferencia de diseño también puede variar de una empresa a otra, por ejemplo en la conformación de la plataforma definitiva se puede seguir la pendiente del terreno aprovechando para el drenaje la pendiente natural o definir la rasante de la plataforma completamente horizontal y luego conformarla para los drenajes con pendientes, la primera opción obliga (si la subestación es en bajo perfil) a diseñar soportes para un mismo equipo con alturas diferentes y muy bien identificados en los planos para que las barras queden a un mismo nivel si son soportadas o si las conexiones son con tubos y requieran un mismo nivel.

Dentro de las actividades a realizar se encuentra la visita y toma de muestras de las posibles fuentes del material de préstamo y la distancia al terreno de la subestación, no solo por los costos de acarreo y bote, sino para el diseño de obras civiles con losas de fundación, malla de tierra y canales superficiales.

Las normas ambientales de algunas zonas obligan a replantar un área similar a la deforestada para conservación de la zona circundante a la subestación.

g. **Fundaciones:** Las fundaciones que usualmente se diseñan en concreto armado siguiendo las recomendaciones suministradas por el Estudio Geotécnico y según las exigencias y requerimientos de las Normas que aplican.

- Fundaciones directas para pórticos, torres de iluminación y equipos de patio: estará basado en las características de cada equipo o estructura, el peso, los esfuerzos verticales, horizontales y longitudinales a los cuales estarán sometidos y la altura de cada uno de ellos. El estudio de suelos, niveles de cortocircuito para el año horizonte y condiciones sísmicas son determinantes para el diseño.
- Losas de fundación para equipos mayores y edificaciones: de acuerdo al estudio geotécnico y condiciones sísmicas, niveles de cortocircuito para el año horizonte y condiciones sísmicas del sitio, se realizarán los cálculos para las losas de fundación, adaptándola a las características de los transformadores de potencia, reactores o Arquitectura de las edificaciones.
- Cuando los equipos mayores como transformadores de potencia o reactores se encuentran cerca de un edificio u otros equipos se coloca un muro cortafuego. Las normas [EEE Std 979 (1994) y ANSI/NFPA 851 (2000) regulan las consideraciones mínimas que se deben tener en cuenta dependiendo de la cantidad de aceite del equipo y la separación a edificaciones u otros equipos para una adecuada seguridad. En general, los muros cortafuego deben soportar un fuego intenso de dos horas y se deben extender vertical y horizontalmente de modo que no haya visual entre partes contenedoras de aceite.

h. Drenajes: En general el drenaje de las aguas de lluvia será superficial, por ser menos costoso.

La pista de gran tonelaje (frente a equipos mayores) dividirá la rasante de la terraza en superficies con pendientes mínimas de 0,5 %, esto con el fin de evitar el escurrimiento del agua de lluvia por toda la terraza y por sobre la pista antes mencionada. Al final de cada una de las superficies se preverá de un sistema de cunetas o canales para recoger todas las aguas superficiales. Estas estarán ubicadas del lado interior de la terraza, a una distancia no menor de 1 metro de la cerca perimetral.

Los canales de drenaje tendrán una pendiente mínima del 0,5 % hacia el punto determinado para el desalojo de las aguas. Al final de cada cuneta o canal de drenaje interior, se colocará una taquilla, la cual captará el agua de lluvia y la desalojará a través de una tubería de concreto de diámetro mínimo de 25 cm hacia el exterior a través del talud de terraza La cota inferior de la taquilla no será menor a la cota del terreno natural en el exterior de la terraza. Así mismo se preverá de un sistema de cunetas o canales perimetrales, en el contorno exterior al pie de los taludes que recogerán todas las aguas superficiales además de proteger los taludes.

Los canales para cables tendrán una pendiente mínima de 0,5% hacia el punto de desalojo de las aguas. Su cota más elevada estará ubicada en la casa de control de manera de evitar el drenaje hacia esta área. Las aguas de lluvias recogidas en estos canales se desalojarán directamente a un babero de concreto por estar los canales de drenajes perimetrales a una cota superior de los canales para cables. En áreas donde pueda existir confinamiento de agua, se colocarán tanquillas con rejillas metálicas. Estas se conectarán a los canales internos.

Algunas empresas utilizan drenajes profundos en toda la subestación para la recolección de las aguas de lluvia, esta solución requiere menos mantenimiento, pero mayor inversión en las obras civiles.

Se recomienda que ningún punto del patio esté a más de 15 m de un canal de drenaje. Las áreas adyacentes a rieles y fosas de transformadores deben recolectarse con filtros que drenen hacia el tanque colector y separador de aceite con el fin de minimizar el riesgo de contaminación de las aguas por derrames de aceite en los patios. Debido a las regulaciones emitidas por las nuevas leyes penal del ambiente las aguas de lluvia provenientes de las losas de los transformadores y contaminadas con aceite de los mismos, deberán tener un sistema de recolección independiente a un tanque con capacidad suficiente para contener un posible derrame parcial de un transformador más las aguas de lluvia consideradas en el diseño, y estará ubicado a una distancia prudencial de los transformadores (aproximadamente a 15 metros del borde del canal perimetral) y accesible por las circulación interna de la subestación. Deberá contener boca de visita para el mantenimiento y achique periódico con vehículos equipados con motobombas y adecuados para tal fin.

El sistema de drenaje contará con tanquillas corta fuego a la salida del canal perimetral del transformador, que permitirá evitar el paso de cualquier llama o fuego al tanque de aguas aceitosas. Dicho tanque contará con un medidor mecánico de nivel de tipo banderilla metálica cuyo objetivo será indicar la presencia de líquido como aviso del mantenimiento respectivo.

Se preverá un tubo de ventilación no menor a (1) una pulgada con salida a la cerca perimetral, a una altura no inferior a un metro y cincuenta centímetros de la rasante de la terraza, esto con el fin de liberar los gases que pudieran albergarse en el tanque, lejos del perímetro de los transformadores y/o de cualquier equipo eléctrico.

Las aguas provenientes del lavado y mantenimiento de la sala de baterías y contaminadas con productos químicos (ácido sulfúrico), deberán ser recolectadas y llevadas a una tanquilla tipo sumidero especialmente diseñada para esta agua.

i. **Pistas, canales y ductos:** Las pistas de la subestación son las vías internas necesarias para trasladar los equipos desde la entrada de la subestación hasta su ubicación definitiva, se diseñan de distintas capacidades y anchos según el trayecto de los equipos; para llegar a las fundaciones de los equipos mayores debe considerarse no solo el peso del transformador sin vestir, sino el tamaño y curvatura del lobboy (6 m) que lo traslada, en cambio las áreas o zonas con equipos menores solo se considera el peso de la grúa de montaje las el equipo ((2.5- 3 m).

El tendido de los cables de baja tensión, se hará a través de ductos y canales para cables. Los canales para cables serán de concreto armado y dimensionados de acuerdo a la cantidad y calibre de los cables, para mantener las separaciones mínimas de los conductores de acuerdo a las especificaciones del código eléctrico nacional. Las tapas serán de hierro recubiertos con 2 manos de pintura anticorrosiva o de concreto según el criterio del dueño de la instalación. Estos deberán tener brazos portacables dispuestos en distintos niveles para garantizar una mejor disposición y conducción de los cables.

La cota de fondo de las canalizaciones tendrá pendiente del orden de 0,3 % para permitir el escurrimiento del agua de lluvia que pueda penetrar.

Los ductos de baja tensión serán de PVC rígidos, de diámetro de acuerdo con los requerimientos técnicos. Tendrán un separación entre sí de 5 cm y recubrimiento mínimo de concreto por sobre el tubo de 7,5 cm en los pasos de vialidades internas. La cota superior de la bancada estará ubicada a una profundidad no menor a los 35 cm del nivel del terreno.

Asociada a cada una de las fundaciones de interruptores, transformadores o cualquier otro equipo, se construirán tanquillas que permitirán interconectar cada uno de los equipos con los canales de cables más cercanos, siempre y cuando la distancia entre el canal y el equipo así lo requiera. Dentro de la casa de control, el tendido de los cables se hará a través de canales con brazos portacables de láminas de acero galvanizado, fijados a las paredes del canal por medio de pernos.

En todo cruce de ducto o canal de cables con pistas o vías de circulación se utilizarán secciones reforzadas para proteger los cables contra daños.

j. **Malla de tierra:** El sistema de puesta a tierra, de la Subestación estará compuesto por la malla de tierra, los conductores de puesta a tierra y las barras de tierra.

Para el diseño y cálculo de la malla de tierra, así como para las barras de tierra (de ser necesarias), se tomará como base lo indicado en la publicación IEEE Standard 80-2000 "IEEE Guide for Safety in Substations".

En conjunto con los valores obtenidos del estudio de resistividad, para el cálculo de la malla de tierra se debe considerar la corriente de falla a tierra, de manera que el diseño contemple los potenciales peligrosos para equipos e individuos.

La cerca perimetral de la subestación debe estar localizada a un (1) m. en el interior del perímetro formado por los conductores de la malla de puesta a tierra. Un espesor entre siete (7) y diez (10) cm. de piedra picada debe extenderse por fuera de la cerca a una distancia de 1,5 m.

La profundidad de colocación de la malla será de 0,50 m.

Los conductores de puesta a tierra que salgan a la superficie en el patio de la subestación, serán protegidos contra robo, con el sistema que se acuerde con el cliente.

Para los cálculos preliminares de la malla de puesta a tierra de no tenerse a tiempo el valor las mediciones de campo se tomará como referencia una resistividad del suelo de 500 ohm/m.

El diseño de la malla de puesta a tierra obtenida de esta forma deberá considerarse como aproximado, y la red se ajustará una vez conocidos los valores de resistividad del terreno. Si estos valores no se consiguen una vez instalada la malla, se utilizarán otros métodos para lograr que la resistencia de la red obtenga los valores de diseño. En este caso se utilizará como método alternativo hincamiento profundo. Para conocer los valores de la malla instalada se colocarán puntos de medición en extremos opuestos de la malla.

La sección del cable a utilizar para la malla de tierra se determinará en base a la corriente de cortocircuito (100 % de la falla monofásica) y el tiempo de apertura en caso de disparo por protección de respaldo, en todo caso el tiempo, no será mayor de 0,5 s. Cabe resaltar que el valor de corriente de falla se tomará del Estudio Eléctrico del Sistema expuesto en el documento de estudios correspondiente y que el calibre mínimo del conductor a utilizar en la malla de puesta a tierra será de cobre N° 4/0 AWG, de acuerdo con la Norma IEEE80-2000.

Se deberá chequear el máximo potencial de la malla contra tierras remotas, y tomar las previsiones necesarias para evitar tensiones transferidas desde sistemas remotos.

La resistencia total del sistema de puesta a tierra deberá tener un valor menor de un (1) ohmio donde sea posible, tolerándose hasta un máximo de dos (2) ohmios.

La puesta a tierra de los equipos, estructuras metálicas, edificaciones, sistemas de protección, medición y control debe considerarse como parte de la malla de tierra ya que definirá la cantidad de cabos que deben sobresalir de la malla para tal fin.

Para cada equipo se define una forma de realizar la puesta a tierra, para garantizar que no se tengan corrientes de toque y paso, no solo por distancias de instalación correctas definidas en las normas del cliente, sino por la correcta forma de colocar la puesta a tierra individual.

Por ejemplo:
- El blindaje de los cables de media tensión estará puesto a tierra en el extremo al lado de la fuente (más cercano a la fuente de potencia).
- Cada equipo se conectará a la malla de tierra por lo menos en un punto, y si el equipo lo requiere dos;
- Se deberán poner a tierra las luminarias y los tomacorrientes tanto de uso interior como exterior, tal

como lo establece el Código Eléctrico Nacional Artículo 250.
- Las estructuras metálicas deberán conectarse a la malla de tierra en un punto por columna existente, los amarres de cable de guarda serán conectados a la malla de tierra y cada una de las Puntas Franklin deberá conectarse a una barra de tierra directamente, y posteriormente a la red de puesta a tierra.
- El sistema de corriente continua y los bastidores en el cuarto de baterías, serán puestos a tierra de acuerdo con lo establecido en las normas que apliquen
- Las conexiones propias de la malla y a las estructuras, se realizarán con conectores exotérmicos (soldaduras), las conexiones a los equipos se harán con conectores apernables preferiblemente.

k. **Iluminación y tomacorrientes de patio:** Los criterios para la iluminación fueron detallados en el capítulo 4, sección m.

Los tomacorrientes se instalarán interiores en la casa de mando y exteriores de la siguiente manera:
- Interiores: se distribuirán convenientemente, tomacorrientes monofásicos y trifásicos de manera que pueda conectarse cualquier aparato con una extensión de 10 m. En la casa de mando se instalarán tomacorrientes monofásicos cada 3 m. Dependiendo de la ubicación del tablero de mando para control numérico se instalaran tomacorrientes de piso.

Los tomacorrientes para cada tipo de tensión alterna y continua tendrán entradas de conexión diferentes y estarán perfectamente identificados de tal forma que sea imposible la conexión por error de equipos que trabajen con tensión que no corresponda.
- En el patio: se colocarán cajas estancas tipo intemperie, donde se alojarán tomacorrientes para la tensión alterna monofásica y trifásica de utilización en la subestación y para corriente continua.

La capacidad de las tomas será tal que puedan garantizar el buen funcionamiento de los equipos a ser utilizados. La capacidad mínima de las tomas será de 20 A.

La cantidad de cajas estancas será tal que en el patio de la subestación ningún punto, donde pueda requerirse el uso de los equipos descritos arriba, quede a más de 10 m. de una caja estanca.

En los gabinetes tipo intemperie se colocarán colocarse tomacorrientes similares a los descritos en los puntos anteriores.

1. **Edificaciones:** En las subestaciones se deberá contemplar como mínimo una (1) edificación para alojar los equipos de servicios de la instalación denominada Casa de Mando. Sus dimensiones estarán en función al tipo y cantidad de tableros de control numérico y protección, telecomunicaciones y servicios auxiliares. Contemplará un área para depósito, sala de baterías para equipos de telecomunicaciones, sala de baterías para equipos de control y operaciones, sala de aire acondicionado, además de los espacios necesarios para operación y mantenimiento. Normalmente el área de telecomunicaciones se encuentra separado del área operativa de potencia, inclusive a veces es una edificación separada tipo prefabricado que incluye el área para las baterías de estos equipos.

La arquitectura estará definida por las necesidades y requerimientos eléctricos y electromecánicos, según la cantidad de equipos y tableros a instalar en ella, estarán alojados: el tablero de control numérico, los tableros de protección, tableros de servicios auxiliares y telecomunicaciones, banco de baterías. El acceso de los cables a la casa de control, será a través de canales de cables con protección contra roedores en su entrada. Estos canales dentro de la casa se dispondrán de tal forma que permitan la llegada de los cables al tablero por la parte posterior y el frente de los mismos esté orientado hacia el operador; estará dotada de un sistema de aire acondicionado central preferiblemente, sin embargo el cliente definirá su filosofía al respecto.

Las salas de baterías deberán estar provistas de sistema de extracción de aire con el objeto de impedir la acumulación de gases, siendo ideal que se ubicara en dirección al viento de manera que en caso de falla del extractor tuviera ventilación cruzada para evitar la acumulación de gases.

Las ventanas en la casa de control serán del tipo corrediza considerando la falla del aire acondicionado en un momento dado. Dichas ventanas estarán protegidas con rejas empotradas en la cara exterior de la pared.

Las losas de techo deberán diseñarse teniendo en cuenta las sobrecargas de ductos del aire acondicionado y lámparas para iluminación que serán apoyados de ellas.

El diseño estructural deberá hacerse de acuerdo con el método de la teoría de la rotura para estructuras de concreto, según lo especificado en las normas COVENIN-MINDUR 1753. Las cargas de diseño para las edificaciones y otras estructuras serán según lo especificado en las normas COVENIN-MINDUR 2002 o ASCE 7-88. Hoy día por facilidades constructivas y si las características sísmicas y ambientales de la locación lo permiten se puede realizar el diseño con estructuras metálicas siempre y cuando el cliente lo permita teniendo en consideración los parámetros definidos en la norma COVENIN 1618 Estructuras de Acero para Edificaciones, Proyecto, fabricación y construcción.

Para el cálculo de la edificación de concreto armado se utilizará la Norma Venezolana COVENIN-MINDUR 1756 Edificaciones Antisísmicas.

Cuando la dimensión de la subestación lo requiera por la uniformidad de dimensiones de cables y/o cercanía operativa a los equipos de maniobra se utilizarán casas de adquisición de datos que servirán para alojar equipos de protección y control numérico y servicios auxiliares intermedios.

También a veces es necesaria una edificación para alojar generador de emergencia y sus equipos de control.

m. **Estructuras metálicas:** Para el cálculo y diseño de las estructuras metálicas de los pórticos de celosía, se deberán tomar en cuenta los isométricos de carga preparados por la disciplina eléctrica, donde se han considerado los parámetros del sistema, los esfuerzos verticales, longitudinales y horizontales y ambientales que deben soportar cada una de las estructuras.

Se diseñarán pórticos con estructuras de celosía para salidas de línea, amarre de barras y vigas y columnas para instalación de equipos en subestaciones con arreglo de alto perfil, pórticos en celosía de líneas, barras y soportes de equipos para subestaciones de bajo perfil y soportes de equipos en subestaciones tipo SF6 para instalación de pararrayos de transformadores de potencia, generadores, etc.

Como soportes de equipos también se utilizan estructuras cilíndricas, dependiendo de la filosofía del cliente y considerando para cada uno los esfuerzos a los cuales estarán sometidos, condiciones ambientales y de sistema eléctrico.

Se aplicarán los más recientes códigos y normas de organismos norteamericanos, según se enumeran a continuación; en su última versión.

American Society for Testing and Materials, ASTM, C192.

American National Standards Institute, ANSI, A58.1

American Institute of Steel Construction, AISC

American Welding Society AWS.

CAPITULO 6 SERVICIOS ESENCIALES EN LA SUBESTACIÓN

Se consideran en esta sección como servicios esenciales todos aquellos indispensables para el funcionamiento adecuado de la subestación, entre ellos encontramos los siguientes:

a. Sistema de Control Numérico
b. Sistema de Protecciones y Registro de Fallas
c. Comunicaciones Ópticas en transmisión de Potencia
d. Sistema de Telecomunicaciones
e. Sistemas de Servicios Auxiliares

El cliente puede requerir otros sistemas que son útiles cuando las instalaciones son no atendidas como son sistemas de video y tele vigilancia, pero no se consideran indispensables.

a. **Sistema de Control Numérico:** La función principal del Sistema de Control de una subestación es de supervisar, controlar y manejar la protección del flujo de energía que maneja la instalación. Hoy día se utilizan los sistema de control numérico (automatizados) y se encuentran reemplazando los sistemas de control convencionales dada la confiabilidad y facilidad de operación, expansión que representan los equipos modernos de control.

La adquisición de los equipos está basada en las normas:
IEC 61850   Protocol
IEC 60870- 4 Applies to telecontrol equipement and systems with coded bit serial.
IEEE 1613: IEEE:
Standard Environmental and Testing Requirements for Communications Networking Devices Installed in Electric Power Substations

La Arquitectura del sistema de control numérico es definida en conjunto con la empresa operadora, pues deben cumplirse a cabalidad los estándares de operación del sistema, encontramos arquitecturas abiertas o cerradas según se el proveedor seleccionado y en estrella, estrella redundante o anillo según lo que solicite el cliente.

El sistema de control numérico se desarrollará con elementos de última generación y de gran confiabilidad, implementando una nueva filosofía en el ámbito computacional y de datos de subestaciones eléctricas (IEC-61850), con lo que se consigue que la información se encuentre disponible para ser procesada en más de un sitio simultáneamente dando y permitiendo el intercambio de información de manera automática. Será del tipo numérico basado en un sistema de control distribuido, cuyos tableros y equipamientos se ubicarán en la Casa de Mando y en los espacios que se requieran de acuerdo al proyecto. Todas las funciones de control (mando, enclavamientos, verificación de sincronismo, señalización, medición, alarmas y registros de eventos) tendrán su origen y destino en dicho sistema.

La estructura de comunicaciones recomendable para el sistema de control numérico de las subestaciones se conforma en un esquema de Red LAN (Local Área Network) Ethernet usualmente en estrella redundante de fibra óptica para la adquisición directa de información de los relés, controladores de bahías y todas las unidades que conforman el sistema.

El control numérico tendrá la capacidad para implementar los enclavamientos y secuencias de maniobras automatizadas requeridas.

El sistema de control numérico desde un punto de vista computacional está conformado por múltiples elementos y subsistemas, tales como Unidades de Adquisición de datos por interruptor y/o bahía en la subestación, los Subsistemas de Entradas y Salidas de Patio, Subsistema de Entradas y Salidas de Servicios Auxiliares, los Tableros de Protección de Línea, los Tableros de Registrador de Fallas y los Tableros de Teleprotección. Los sistemas encargados de adquisición de datos y señales de patio son realizados sobre la base de los controladores y relés de protección.

Todas las funciones y señales de control relacionadas con cada uno de los equipos de la subestación, serán cableadas hasta los tableros de repartición ubicados en el patio; desde estos tableros se llevaran las señales a los tableros del sistema de control numérico junto con las demás señales que provienen (o van hacia) los otros tableros dentro de la Casa de Mando, para lo cual se emplearan cables no apantallados (a excepción de aquellos equipos que requieran cables apantallados) para su correcto funcionamiento y de calibre acorde con la capacidad de corriente pero no menor a número 12 AWG o su equivalente en mm2 para los circuitos de corriente y tensión, y de calibre no menor a número 16 AWG o su equivalente en mm2 para los demás circuitos. La conexión entre los equipos propios de alta tensión y las unidades de bahías se hace de manera cableada y desde las unidades de bahías y Tablero de mando se realiza mediante fibra óptica multimodo. Entre el sistema de control de las Subestaciones y el Centro de Control centralizado o despacho de carga se usara un enlace punto a punto soportado en el protocolo de comunicación utilizado por el referido Centro de Control.

En la ingeniería del sistema de control se establecen los niveles de operación del mismo y suelen ser:

– **Nivel Equipos de Alta Tensión**

Operación directamente sobre los equipos de maniobras de alta tensión, no es parte del sistema de control y protección, pero se considera para el dimensionamiento de la interfaz con el próximo nivel de control.

– **Nivel Unidades de bahías**

A este nivel el control se hace de forma localizada en las bahías, utilizando los recursos de la interfaz hombre maquina localizados en estas unidades. El mando en este nivel será permitido con el selector en modo local y con los equipos de patio en modo remoto (selector en los propios equipos).

- **Nivel Interfaz Hombre/maquina**

Directamente desde el HMI y se podrá hacer monitoreo, supervisión y control de los equipos de la subestación. A este nivel se ejecutara mando sobre los equipos solo si a nivel de equipos de patio y nivel de unidades de bahías (niveles anteriores) los selectores se encuentran en modo remoto.

- **Nivel Centro de Control**

Para ejecutar mando desde este nivel, los selectores en los niveles anteriores deben estar en modo remoto.

El equipamiento que conforma todo el sistema de control cumplirá con lo siguiente:

- Unidades de Control de Bahías

Realizará como mínimo las funciones de mando y supervisión, almacenamiento de eventos, listado y despliegue de alarmas, funciones de enclavamiento, medición e indicación, adquisición de datos analógicos y digitales y despliegue del diagrama unifilar de la celda.

- HMI del sistema

PC industrial de última tecnología y su software capaz de realizar la supervisión general de la subestación, comando de los equipos de maniobras de patio, manejo de alarmas y eventos, administración de archivos, procesamiento de datos

- Sistema de Sincronización de tiempo

Reloj GPS que se conectara a la red de switches, y tendrá la función de servidor a todas las unidades de control y protección conectada a la red.

- Gateway

Se usaran dos Gateway para establecer comunicación con el Centro de Control y cuya función es enviar, cuando sean interrogados, la información disponible en el sistema, por un puerto de comunicaciones, y recibir los comandos enviados desde el Centro de Control cuando el sistema funciones en modo remoto.

- Estación de operación y mantenimiento:
  Esta estación diseñada de manera ergonómica es el sitio de donde los operadores realizan las acciones de supervisión, control y mantenimiento de la subestación. Los principales elementos así como el resumen de sus componentes son: Consola de Supervisión y Operación (HMI), Consola de Ingeniería y Manteniendo, Impresoras.

- Autorización de Usuarios

El sistema de seguridad del HMI se fundamenta en los perfiles de usuario, cada usuario del sistema es creado con un nombre único, clave y opciones de acceso. Los despliegues y animaciones del sistema se asocian con un nivel de seguridad dando o restringiendo acceso a las funciones. Los perfiles de usuario se definen normalmente de la siguiente manera:

Operadores: Tienen privilegios para reconocer alarmas, ejercer comandos, navegar por los diferentes despliegues de la aplicación, no pueden cerrar, minimizar o salir de la aplicación, ni realizar modificaciones de ningún tipo sobre la estructura y forma de la aplicación.

Administradores: Es el grupo de usuarios con mayor grado de privilegios, poseen todos los privilegios del grupo de operadores, pero interactúan con el sistema permitiéndoles cerrar, minimizar, salir al sistema operativo, nombrar, crear usuarios, cambiar privilegios, modificar ventanas, etc.

Visual: Tienen privilegios para navegar por los diferentes despliegues de la aplicación, sin poder realizar ninguna otra operación.

Por Defecto: Este perfil bloquea el sistema a nivel de usuario, inhibiendo cualquier acción salvo la de inicio de sesión, con la cual se le requerirá el nombre y la clave de acceso.

b. **Sistema de Protecciones y Registro de Fallas:** El sistema de protección de la subestación estará definido por la filosofía de operación de la empresa operadora, el diagrama unifilar de la subestación así como los enlaces remotos de alimentación.

El objetivo es reducir los efectos de una falla del sistema eléctrico sobre los equipos instalados y los individuos que pudieran estar en la instalación, lo que se logra utilizando relés diseñados con funciones específicas para el despeje de fallas para tramos de salida de línea de alta o baja tensión, de transformador de potencia a barras, de las barras propiamente dichas, de tramos de enlace de barras, etc. La cantidad y tipo de protecciones se encuentran tipificadas en los esquemas de cada empresa eléctrica.

La idea es que el sistema de protección despeje la falla lo más rápido posible, ya sea de origen por sobretensiones o por cortocircuito, pero depende del tiempo de operación de los interruptores y luego el recierre automático del sistema cuando se haya solventado la misma, excepto para tramos de generadores o transformadores de potencia. El recierre automático puede ser monofásico o trifásico y se iniciará solamente cuando la protección de línea actúe en tiempo instantáneo y será bloqueado cuando la protección de línea actué en tiempos iguales o mayores a los de segunda zona y durante el cierre manual de los interruptores.

Para efectos de protección de línea y función de disparo transferido directo se deberán instalar equipos de onda portadora, utilizando como canal de transmisión los conductores de las líneas de alta tensión. Se utilizaran para este fin las trampas de onda, condensadores de acoplamiento y transformadores de tensión capacitivos, asociados al equipo de onda portadora.

La Empresa de Electricidad definirá la filosofía de operación que incluya como se realiza la redundancia, sobre todo en muy alta tensión donde se requiere que para doble contingencia siempre una línea de comunicación se encuentre en condiciones normales de operación. Cada equipo de protección primaria o secundaria, deberá tener instalado un equipo de onda portadora con la posibilidad que cada protección pueda actuar sobre ambos equipos, a menos que se indique lo contrario.

Un tablero de protección por cada dos líneas es posible adquirir hoy día por las dimensiones de los equipos modernos y contendrá: Protección Primaria y Protección Secundaria de Línea, Relés de disparo y Bloqueo, Bloques de prueba. De igual manera en un solo tablero se pueden colocar los equipos de protección de dos transformadores de potencia, sin embargo si se utiliza protección diferencial de barras es conveniente la adquisición de un tablero por barra.

Los equipos de protección deberán estar diseñados con suficientes contactos de señalización para la conexión a los registradores de fallas.

Cada empresa tiene en su sistema eléctrico nacional un esquema de protecciones definido por tramo, tenemos entre ellos: (Especificaciones técnicas generales ETGS/EEM-200, Sistemas de protección, venezolana)

Protecciones líneas de transmisión 800 kV, 400 kV y 230 kV
- Una protección de distancia (87L)
- Una protección de sobrecorriente de alto ajuste
- Una protección de falla a tierra de alta impedancia
- Protección contra sobretensiones conformadas por dos relés de sobretensión (59), dos relés temporizados (2V) y un relé de disparo (86V).
- Protección contra pérdida de sincronismo (78)

La protección contra pérdida de sincronismo se utiliza en 800 kV y 400 kV, si el operador de la instalación lo requiere y está conformado por relé detector de pérdida de sincronismo (78) y un relé de disparo con reposición manual (86)

Para salidas de línea en 115 kV el esquema de protección primaria y secundaria es:

- Dos protecciones de distancia (87L), operando bajo un mismo esquema o combinados, bien sea subalcance permitido, comparación de direcciones por desbloqueo o por sobrealcance permitido.
- Protección contra fallas a tierra de alta impedancia.

  Para la Protección de un tramo Generador se utilizará una protección principal y una de respaldo,
- Protección principal, conformada por una protección de distancia y una protección de sobrecorriente direccional de tierra.
- La protección de respaldo formada básicamente por una protección de distancia, una protección de secuencia negativa, una protección de potencia inversa, una protección de sobrecorriente de fase y sobrecorriente de tierra, una protección contra sobretensiones, un relé de disparo con reposición manual y un relé supervisor de las señales secundarias del transformador de corriente.

En el tramo de transformador de potencia se utilizan las protecciones propias del equipo y las protecciones externas principal y de respaldo asociadas a la bahía, adicional la protección del terciario si lo tiene

- Las protecciones internas son: Buchhols, sobre temperatura de arrollado y aceite, protección de cuba
- Las protecciones externas son una protección diferencial larga, una protección de sobrecorriente de alto ajuste, un relé de disparo.
- La protección de respaldo externa formada por un protección sobrecorriente de fase en el lado de alta y otra en el lado de baja del transformador de potencia, una protección de sobrecorriente de neutro del transformador, una protección de sobrecorriente de tierra del lado de alta del transformador, una protección contra sobretensiones.
- La protección del terciario está formada por una protección de sobrecorriente de fase instantánea, una protección de sobrecorriente de tiempo inverso, una

protección contra sobretensiones y una protección de mínima tensión.

Los reactores en derivación ya sean trifásicos o monofásicos llevarán protección interna, protección principal y de respaldo externas, protección de arrollado de servicios auxiliares.
- Las protecciones internas son: Buchhols, sobre temperatura de arrollado y aceite, protección de cuba.
- La protección externa es una protección diferencial corta.
- La protección de respaldo externa formada por una protección de sobrecorriente de tierra, una protección de corriente de secuencia negativa.
- Los arrollados auxiliares de los reactores se protegerán con una protección diferencial si se utilizan para suministrar energía a los servicios auxiliares y si no tiene ese uso, se puede utilizar un relé de sobrecorriente instantáneo.

Para reactores conectados en serie las protecciones internas son similares al caso de reactores en paralelo, sin embargo los otros esquemas varían de la siguiente forma:
- Para protecciones externas son una protección diferencial corta y una protección diferencial larga.
- Para protecciones externas de respaldo una protección de distancia y un relé detector de fallas en espiras

Para interruptores de 800 kV y 400 kV se utiliza una protección para interruptores (breaker failure) y falla de zona terminal (end zone fault).

La protección diferencial de alta impedancia de barras en 115 kV está conformada por tres relés diferenciales de alta impedancia, relés de supervisión de los secundarios de los transformadores de corriente, relé de disparo.

La protección de respaldo del enlace de barras, formado por dos relés monofásicos de sobrecorriente de fase, un relé de disparo

- **Registrador de Fallas:** Se debe seleccionar un registrador de fallas y eventos de alta resolución diseñado para monitorear señales en sistemas de protección, transmisión, distribución de instalaciones eléctricas. Este registrador entra en el rango de clases extremas, pudiendo operar en condición adversas de alta exigencia (Harshest environment)

Entre las características destacadas de este sistema tenemos:
- Certificación IEC 61000-6-5
- Compatible con IEC 61850
- Monitoreo en tiempo real
- Arquitectura modular y escalable

c. **Comunicaciones Ópticas en transmisión de potencia:** La filosofía de operación de las comunicaciones modernas, contempla la implementación de enlaces de comunicación entre los sitios, utilizando tecnología SDH (Jerarquía Digital Sincrónica), serán implementados en el sistema óptico requerido para servir datos, voz y teleprotección de las Líneas de transmisión, diseñado para la transmisión digital utilizando fibra óptica monomodo con tasas comprendidas entre STM-1, STM-4 y STM-16, estableciéndose una comunicación en anillo entre los sitios nuevos involucrados proporcionando esto una máxima disponibilidad de los enlaces ofrecida por la topología en anillo.

El equipo SDH se conformará como el nodo principal de transporte de la Subestación con la capacidad de ofrecer la conexión a todos los servicios requeridos como Voz TDM (tradicional) e IP, datos seriales, síncrono asíncrono, datos IP y canales teleprotección, con redundancia en la matriz de conexión y fuentes de alimentación, el diseño de equipos SDH son de tecnología especialmente diseñados para entornos de subestaciones eléctricas, siendo una de las principales características las protección EMC y enfriamiento por convección (sin ventilador interno ni externo al chasis) cumpliendo con estándares y certificación internacional de laboratorio reconocido en IEEE 1613 e IEC 61850-3.

Los equipos SDH mencionados se interconectaran a nivel tributario con todos los servicios existentes conformando de esta manera una completa interoperabilidad de las nuevas subestaciones con el resto en existencia, siendo este el caso en los extremos remotos.

En las subestaciones con las cuales se enlace el nuevo proyecto, se consideran un nuevo nodo que reemplazará los equipos existentes por los que dichos servicios tributarios, serán migrados al nuevo esquema modernizado.

La RED de Acceso en las Subestaciones nuevas estará conformada por un Router que permitirá el manejo de la RED IP de la subestación, interconectado al multiplexor el acceso de todos los servicios incluyendo los TDM de voz y datos.

d. **Sistema de Teleprotección:** El equipo debe satisfacer los requerimientos de comunicaciones de las empresas de servicios eléctricos, gas o de transporte utilizando como medio de enlace sistemas de onda portadora, microondas, fibra óptica o transmisión por líneas arrendadas. El equipo debe soportar múltiples esquemas de teleprotección en un solo chasis a través de las diferentes interfaces.

La filosofía de Operación de las protecciones por impedancia está basada en el uso de equipo de teleprotección externo.

- Interface Óptica

  Cada equipo de teleprotección constará de dos pares ópticos de transmisión y recepción: una para conexión directa vía fibra óptica al equipo en el extremo opuesto de la línea, la segunda para conectar vía interfaz óptica C37.94 al equipo Multiplexor de la Subestación que proporcionaría la comunicación con el par del extremo opuesto

Entre las características importantes esta la funcionabilidad de teleprotección digital y analógica, así como la definición de alarmas de funcionamiento establecidas por el usuario.

- Sistema de telefonía

El sistema de Telefonía IP estará basado en el suministro de nuevos aparatos telefónicos que se conectaran a la central existente, incluyendo las licencias necesarias para dicha integración, la conexión a los teléfono de patio será vía inalámbrica por lo que se debe implementar un sistema Access Point de 5GHz para permitir la conexión de los teléfonos de patio a la RED de Telefonía VoIP

- Sistema de Radio Troncalizado

El sistema de Radio Troncalizado estará soportado por radios portátiles operables con la plataforma de radio troncalizado MPT 1327 ofreciendo la completa integración de los nuevos radios al sistema existente y operativo del cliente, brindando la comunicación operativa de los responsables de la operación y mantenimiento del sistema.

- Sistema de Energía -48VDC

El sistema de energia a utilizar estará basado en la tecnología conmutada con rectificadores en configuración N+1 alojados en rack independiente dentro de la sala de comunicaciones brindando la conexión directa de alimentación a toda la carga conformada por los equipos de comunicación que integran el sistema. El valor nominal del sistema será de -48VDC (positivo a tierra) con banco de baterías de NiCd redundante con una autonomía total de 10 horas cada uno a una carga máxima de 80 Amp. Se deberá considerar conversión DC/DC o DC/AC en el caso que algún equipo de comunicación requiera de conversión a un voltaje distinto a los -48 VDC.

e. **Servicios auxiliares**: La alimentación de los servicios auxiliares se realizará desde barras de distribución de existir en la subestación este patio o desde un terciario de los trasformadores de potencia, incorporado para tal fin.

Se deben instalar servicios auxiliares en corriente alterna y en corriente continua colocando en los tableros correspondientes la cantidad de interruptores termomagnéticos necesarios para la alimentación y protección de circuitos, previéndose una reserva del 20%.

Para la alimentación de los servicios auxiliares se prevén dos bancos de transformación de media tensión de la capacidad que los cálculos de carga arrojen, conectados a las barras de media tensión a través de fusibles de alto poder de corte y seccionadores tripolares.
El control de esta alimentación de barras se realizará con un switch selector de posiciones que permita la conexión de uno u otro banco de transformadores, ambos o ninguno.

Se instalaran dos equipos rectificadores capaces de operar en el sistema trifásico de la subestación con una variación permitida de +- 10 % y variación de frecuencia del +- 5%. La operación normal se realizará con un solo rectificador, pudiendo operar con ambos en paralelo.

El control de alimentación de la barra de corriente continua se hará con un switch selector de cuatro posiciones igual que en corriente alterna y se deberá prever un amperímetro para el control de la corriente de carga con un rango de medición del 150% de la corriente nominal. Los rectificadores se conectaran en paralelo con las baterías y estarán diseñados para operar en regímenes de carga flotante y carga rápida.
El control del propio equipo rectificador debe contemplar: Operación automática (carga flotante= suministro de carga en operación normal y pérdidas internas de las baterías), Flotante, Rápido (Carga la batería durante tiempo similar al de descarga en 8 h), y desconectado.

Las baterías serán del tipo estacionario de plomo-ácido, estarán dispuestas sobre un rack escalonado metálico con pintura resistente al electrolito. Para la protección de las baterías se deben instalar unos fusibles con alta capacidad de ruptura.

El banco de baterías estará calculado para suplir la carga nominal de la subestación por 4 h, 1000 vatios de iluminación de emergencia por 4 h y operación de apertura de 30 interruptores seguida de una operación de cierre sucesivo de los mismos.

Para la distribución de los servicios auxiliares se instalarán los tableros correspondientes a cada uno de los niveles de tensión de servicios auxiliares, tanto de corriente alterna como continua. Cuando la subestación es muy grande se utilizan dos niveles de tensión en alterna para optimizar los alimentadores de corriente de servicios auxiliares a los equipos de patio.

El grado de confiabilidad de grandes subestaciones se obtiene instalando tres fuentes de alimentación para los servicios auxiliares, es decir desde el terciario del transformador de potencia, desde una línea de distribución externa y desde un generador con motor diésel para las emergencias.

Las tres fuentes deberán estar enclavadas de manera que nunca funcionen en paralelo. El diésel podrá arrancar en forma automática por las protecciones y los seccionadores de barras en los distintos valores de tensión utilizados, abrirán manual o automáticamente.

La distribución de alimentación de servicios auxiliares se realizará desde las distintas edificaciones en forma escalada, si hay casas de relés allí se instalaran tableros de alterna y continua para alimentación de los equipos cercanos y de allí conectarán con la alimentación desde la casa de mando.

En estos casos la capacidad del banco de baterías debe incluir dos veces el arranque del diésel sin intervención del rectificador.

Los rectificadores deberán ser definidos para la operar desde la barra de mayor voltaje en alterna; las características de control y operación serán similares a las descritas anteriormente.

Como se dispone en estos casos de cuatro barras para la alimentación de los servicios auxiliares, tres en alterna y una en continua, la protección de los distintos alimentadores estarán bien definidos para la coordinación de alternabilidad, la conexión del diésel estará supervisada por relés de sobrecorriente instantáneos; se requieren equipos de medición (entre cada fase y neutro un transformador de tensión monofásico que se conectarán a relés de mínima tensión), para las barras de tensiones mayor y menor, similar situación para la barra de continua se colocarán relés de baja tensión entre ambos polos y un relé de detección de falla a tierra; en el lado de alta de los transformadores de alimentación de los servicios auxiliares se colocarán relés de sobrecorriente en cada fase.

CAPITULO 7 MANUAL DE OPERACIÓN Y MANTENIMIENTO

El manual de operación y mantenimiento de la subestación se inicia con la procura de los equipos, ya que en esta etapa se reciben de los distintos fabricantes las características técnicas garantizadas avaladas por el fabricante, los reportes de pruebas en fábrica y los planos de los equipos individuales o catálogos de los equipos que componen los sistemas de protección, control y telecomunicaciones, cálculos de disponibilidad de los mismos sistemas.

Para la elaboración del manual se deben archivar los documentos y planos mencionados anteriormente, a medida que se encuentren aprobados por el cliente o la unidad de procura disponga de ellos, para lograr disponer de toda la información cuando se vaya a elaborar. Se recomienda elaborar la memoria descriptiva por lo menos dos meses antes del inicio de las pruebas en sitio de manera que se encuentre aprobada por el cliente a tiempo.

Su función principal es condensar en un conjunto de volúmenes toda la información relevante de los equipos y funcionalidad de los sistemas, de manera que el operador pueda acudir a este manual en casos de fallas o problemas y encuentre la información necesaria.

Se debe suministrar una copia a la obra antes del inicio de las pruebas de puesta en servicio, de manera que disponga de la referencia de los valores esperados en las pruebas de equipos individuales (por disponer de los resultados de las pruebas en fábrica) o para visualizar los planos generales de protecciones, arquitectura de control numérico, distribución de fibra óptica en patio o unifilares de servicios auxiliares, información que requiere el personal de pruebas del cliente y de la contratista considerando que normalmente no han participado en la construcción de la subestación y desconocen la información técnica de la misma, facilitándole así sus labores de pruebas y seguimiento de circuitos.

El contenido del manual de operación y mantenimiento de una subestación es el siguiente:

- Memoria descriptiva
- Introducción
- Objetivo
- Alcance
- Definiciones
- Ubicación geográfica de la instalación
- Referencias, se enumeran los planos generales de patio y sistemas
- Condiciones ambientales y meteorológicas
- Códigos y normas aplicables
- Información general, descripción de la subestación

- Equipos de alta tensión instalados en la subestación, indicando cantidad, tipo, marca y características principales, indicando la identificación operativa. Para mayor ampliación de la información incorporar listado de planos disposición del equipo, características técnicas de cada uno de ellos, esquemas eléctricos, diagramas funcionales, en general listar la información disponible de los equipos del proyecto
- Tableros instalados en la subestación, se incluirá un listado de todos los planos de tableros indicando su ubicación, de control numérico, protecciones, servicios auxiliares, telecomunicaciones,
- Principios operacionales de los equipos instalados, se realizará una descripción por equipo, indicando su número operativo, se facilita la comprensión si se realiza la descripción por tramo o bahía.
- Compilación de normas de seguridad definidos por el cliente
- Codificación de planos del proyecto
- Filosofía de Operación, precauciones, principios de operación de los equipos de maniobra, indicando niveles
- Mantenimiento programado, incluir tablas que indiquen tipo de mantenimiento de equipos principales y la frecuencia
- Mantenimiento correctivo, indicar la forma de realizar este mantenimiento reparando o no en sitio
- Instalación y montaje, incluye una pequeña descripción de la forma de montaje de las estructuras y equipos, señalando los manuales de los mismos donde generalmente se encuentra esta información.
- Instrucciones de almacenamiento a corto y largo plazo, se debe incluir la referencia de la lista de repuestos
- Instrucciones de transporte, hacer mención a los manuales de los equipos que contienen esta información.

ANEXOS:

a. Descripción de Sistema de Control y Protecciones
b. Listado de señales
c. Reportes de pruebas en fábrica
d. Reportes de pruebas en sitio
e. Manuales de Instalación, Operación y Mantenimiento de equipos mayores (transformadores de potencia, Reactores)
f. Planos de Equipos mayores
g. Manuales de operación de equipos de Alta y Media Tensión
h. Diagramas de principio
i. Planos de equipos de Alta y Media Tensión
a. Planos funcionales, uno de cada tipo de tramo o bahía que conforme la subestación.
b. Manuales de equipos

El anexo d "Reportes de pruebas en sitio" se incluirá cuando la subestación haya concluido las pruebas de puesta en servicio y se deba realizar el cierre administrativo.

La entrega del manual definitivo será tantas copias como se establezca en el contrato, ya sea en físico como en electrónico.

A continuación con el código QR4 de la página siguiente pueden ver una Memoria Descriptiva que en conjunto con los anexos descritos en esta página, conforman el Manual de Operación y Mantenimiento de una subestación en Alta Tensión 115/34,5 /13,8 kV con las características que se indican en la memoria descriptiva y en el diagrama unifilar que se encuentra en el código QR 2 ubicado en el capítulo 2.

QR4

www.ingramcontent.com/pod-product-compliance
Lightning Source LLC
Chambersburg PA
CBHW050251220526
45465CB00002B/635